Galileo 科學大圖鑑系列

VISUAL BOOK OF
THE CELL

細胞大圖鑑

人人出版

人體細胞地圖

中樞神經（腦、脊髓）

229神經幹細胞（幹細胞）／230室管膜細胞（？）／231錐體細胞（腦、神經膠細胞）／232貝茲巨型錐體細胞（覆於腦室內側、可能是幹細胞）（pyramidal cells of Betz、腦、神經膠細胞）／233顆粒細胞（腦、神經膠細胞）／234浦金那細胞（腦、神經膠細胞）／235星狀膠質細胞（腦、神經膠細胞）／236寡樹突膠細胞（腦、神經膠細胞）／237微膠細胞（脊髓、神經膠細胞）／238刺膠細胞（脊髓、神經膠細胞）／239束細胞（脊髓、神經膠細胞）／240內襯細胞（分泌腦脊髓液）／241脈絡叢細胞（分泌腦脊髓液）

腦垂體後葉（神經膠細胞）

256後葉細胞（神經膠細胞）

下視丘

257催產素（激素）分泌細胞／258抗利尿素分泌細胞／259腦內啡／259腦內啡（激素）分泌細胞

腦垂體前葉

248生長激素分泌細胞／249促濾泡成熟素分泌細胞／250黃體成長激素分泌細胞／251雄體促乳激素分泌細胞／252促腎上腺皮質素分泌細胞／253甲狀腺刺激素分泌細胞
254腦垂體前葉細胞（分泌黑色素細胞刺激素）／255腦內啡（激素）分泌細胞

毛髮（角質）

18毛母細胞（幹細胞）／19毛髓質／20毛皮質／21毛表皮（表皮細胞）／22鞘小皮（表皮細胞）／23赫胥黎層（Huxley's layer）／24亨勒層（Henle's layer）／259外根鞘

眼瞼

175黏膜上皮細胞（分泌眼淚）／176淚腺細胞（分泌眼淚）／177淚腺肌上皮細胞／178麥氏腺（gland of Moll）細胞（特化汗腺）／179瞼板腺細胞

眼

160角膜上皮細胞（存在於角膜邊緣的幹細胞）／161角膜上皮（幹細胞）／162角膜內皮細胞／163晶狀體色素上皮細胞／164黑色素柔狀睫狀體上皮細胞／165纖毛小皮／166纖毛肌上皮細胞／167虹膜色素上皮細胞／168視網膜色素上皮細胞／169藍錐細胞／170綠色錐體細胞／171紅色視錐細胞／172視網膜桿狀細胞／173水晶體上皮細胞（有幹細胞能發育成水晶體的能力）／174水晶體質細胞（含有水晶體蛋白的細胞）

鼻

156嗅上皮基底細胞（幹細胞）／157嗅細胞（分泌上皮的液體）／158嗅上皮支持細胞／159嗅腺（Bowman's gland）細胞（分泌清潔嗅上皮的液體）

口腔

35上皮基底細胞（幹細胞）／36多層扁平上皮（黏膜上皮細胞）／37唾腺的黏液細胞（分泌當含多醣類的液體）／38唾腺的漿液細胞（分泌含醣蛋白的液體）／39唾腺間管細胞（幹細胞）／40唾腺紋狀管細胞（功能不明）／41唾腺分泌管內的上皮細胞

舌

42牙源母細胞（分泌牙冠的琺瑯質、僅於牙齒發育時發揮功能）／43舌質母細胞（分泌牙根的齒質、僅於牙齒發育時發揮功能）／44造牙本質細胞（分泌牙齒的象牙質）

牙齒

45上皮基底細胞（幹細胞）／46多層扁平上皮（黏膜上皮細胞）／47馮埃布納腺（Von Ebner's gland）細胞（分泌含多醣類的液體）／48味蕾基底細胞（幹細胞）／49 I型味蕾細胞（功能不明）／50 II型味蕾細胞／51 III型味蕾細胞（味覺）

氣管

28上皮基底細胞（幹細胞）／29杯狀細胞（分泌黏液）／30繼毛上皮細胞／31內分泌細胞

肺

32 I型肺泡細胞／33 II型肺泡細胞（分泌肺泡液）／34克拉拉細胞（Clara cell）、支氣管無纖毛分泌細胞（功能不明）

胸腺

225胸腺上皮網細胞

心肌

222心肌細胞／223賓房結細胞／224特殊心肌細胞（浦金那纖維、Purkinje fibers）

腎上腺

內耳

130外耳道柱狀上皮／131內皮性上皮

132覆於外淋巴腔的鱗狀細胞／133外淋巴腔的扁平細胞／134覆於內淋巴腔的扁平細胞／135外淋巴腔的圓柱細胞／136內淋巴囊中無纖毛的圓柱細胞／137覆於內淋巴腔的「暗」細胞／138覆於內淋巴腔的前庭細胞／139覆於內淋巴腔的克勞迪斯細胞（Claudius cell）／140覆於外淋巴腔的血管紋表面細胞／141覆於內淋巴腔的貝特氏細胞（Boettchers cell）／142覆於內淋巴腔的貝特彻氏細胞／143柯蒂氏器（organ of Corti）的齒間細胞的「膜」／144柯蒂氏器的外柱細胞／145柯蒂氏器的內柱細胞／146柯蒂氏器的內指細胞／147柯蒂氏器的邊緣細胞／148柯蒂氏器的亨森氏細胞（Hensen's cell）／149柯蒂氏器的外指細胞／150柯蒂氏器的前庭 I 型毛細胞／151柯蒂氏器的亨森氏細胞／152耳的前庭／153內耳的前庭 II 型毛細胞／154前庭的半月平面細胞／155前庭的支持細胞

中耳

129耳道腺細胞

鼓膜

外耳

甲狀腺

264甲狀腺素分泌細胞／265碘素（激素）分泌細胞

副甲狀腺

266副甲狀腺素分泌細胞／267磷酸性細胞

食道

52上皮基底細胞／53多層扁平上皮

胃

54黏液頸細胞的未分化細胞（幹細胞）／55表層黏液細胞／56胃腺主細胞（分泌胃蛋白酶）／57胃腺壁細胞（分泌鹽酸）／58點黏膜頸細胞／59外分泌細胞（分泌胃泌素）

乳腺

263乳腺細胞（分泌乳汁）／27乳腺導管細胞

脾臟

226脾竇細胞（脾臟微血管內皮細胞）

腎臟

94近腎絲球細胞（腎素（激素）分泌細胞？）／95緻密斑細胞（可能和紅血球生成素分泌有關？）／96外腎小球旁細胞／97近曲小管細胞（尿的再吸收）／98遠曲小管細胞（尿的再吸收）／99亨利氏環（Henle's loop）的上皮細胞（尿的再吸收）／100集尿管的上皮細胞／101腎小球囊氏囊（Bowman's capsule）上皮細胞／102腎絲球足細胞／103膀胱細胞

大腸

75柯貝氏腺細胞（幹細胞）／76吸收上

軟骨

212軟骨膜細胞（軟骨的幹細胞）／213透明軟骨的軟骨細胞／214纖維性軟骨的軟骨細胞／215彈性軟骨的軟骨細胞

硬骨

209骨膜細胞（幹細胞）／210骨細胞、骨母細胞（成骨細胞）／211破骨細胞（触食細胞）

輸卵管

113輸卵管上皮細胞

卵巢

108卵母細胞／109濾泡（上皮）細胞／110內外顆粒層細胞（雌性激素）／111外顆粒層細胞（黃體素）分泌細胞

子宮

114子宮內膜上皮細胞

膀胱

104移行上皮細胞

周圍神經

242腦脊髓作用神經細胞（存在於骨髓）（多種）／243腎上腺作用神經細胞（存在於骨髓）（多種）／244肽作用神經細胞／245許旺細胞／246隨伴神經（包覆周圍神經細胞體）／247腸道神經細胞

血液

180造血幹細胞（存在於骨髓）／181紅血球母細胞（存在於骨髓）／182骨髓血球母細胞（存在於骨髓）／183巨核細胞／184紅血球／185嗜中性球／186嗜酸性白血球／187嗜鹼性白血球／188血小板／189單核球／190輔助T細胞／191調節T細胞／192殺手T細胞／193 B淋巴球（IgM）／194 B淋巴球／195 B淋巴球（IgA）／196 B淋巴球（IgE）／197肥大細胞／198樹突細胞／199巨噬細胞／200纖維細胞／201漿細胞

其他

268白色脂肪細胞／269棕色脂肪細胞／270纖維芽細胞（多種）／271關節腔的滑膜（覆於關節腔內側的滑膜細胞）（多種）／272胸膜分泌尿膜／273胸膜的漿膜（壁皮）細胞／274心膜的漿膜（間膜）細胞

輸精管

126輸精管上皮細胞

陰道

115上皮基底細胞（幹細胞）／116多層扁平上皮／117前庭大腺細胞（分泌陰道的潤滑液）

肛門

79上皮基底細胞（幹細胞）／多層扁平上皮

血管

202血管母細胞（胎兒期）／203通透性血管內皮細胞（多種）／204連續性血管內皮細胞／205微血管內皮細胞／206腎動脈腎絲球的漿膜／207絲球細胞／208 II型細胞

睪丸網

125睪丸網（rete testis）上皮細胞

睪丸

118精原細胞／119精母細胞／120精子／121塞爾托利氏細胞（Sertoli cell）／122萊迪希氏細胞（Leydig cell）（激素）／睪回國細胞

副睪

123輸精管纖毛細胞／124副睪管上皮細胞（具纖毛）

尿道

105上皮基底細胞（幹細胞）／106多層扁平上皮／107尿道上皮細胞（分泌黏液）

淋巴管

227通透性淋巴管內皮細胞／228連續性淋巴管內皮細胞

肌腱

220肌腱細胞

肝臟

81赫林氏管（duct of Hering）細胞（幹細胞）／82肝細胞／83膽管上皮細胞（分泌黏液）／84脂肪細胞（Ito Cell，伊東細胞，貯藏維生素A）／85庫佛氏細胞（Kupffer cell，一種巨噬細胞）／86竇狀微血管（肝臟微血管內皮細胞）

小腸（十二指腸）

60利貝氏腺（gland of lieberkuhn）的未分化細胞（幹細胞）／61吸收上皮細胞（具微絨毛）／62杯狀細胞（分泌黏液）／63潘氏細胞（Paneth cell）細胞（分泌溶菌酶）／64布倫納氏腺（Brunner's gland）細胞（分泌含黏液、酵的鹼性溶液）／65血清素（激素）分泌黏液／66鈴蟾素（激素）／67腸泌素（激素）分泌細胞／68膽囊收縮素（激素）分泌細胞

膽囊

87膽囊上皮細胞

胰臟

88泡心細胞（centroacinar cell，幹細胞）／89腺泡細胞（分泌消化酶）／90體抑素（激素）分泌細胞／91腸泌素（激素）／92升糖素（激素）分泌細胞／93導管細胞

骨骼肌

216肌衛星細胞（幹細胞）／217紅肌（慢縮肌）、橫紋肌／218白肌（快縮肌）橫紋肌細胞／219中間肌橫紋肌細胞

前列腺

128前列腺細胞（分泌精液中的其他成分）

平滑肌

221平滑肌細胞（多種）

儲精囊

127儲精囊細胞（分泌含果糖的精液，為精子活動的能量來源）

指甲

16甲床基底細胞（幹細胞）／17指甲角質細胞

皮膚

1表皮基底細胞（幹細胞）／2角質細胞／3外分泌汗腺細胞（分泌汗液）／4頂漿腺細胞（分泌氣味物質、性激素等）／5汗腺上皮細胞／6汗腺導管細胞／7皮脂腺細胞／8默克爾氏細胞（Merkel cell）／9蘭格漢氏細胞（Langerhans cell）／10黑色素細胞／11觸覺特化初級感覺神經細胞的軸突／12冷覺特化初級感覺神經細胞的軸突／13熱覺特化初級感覺神經細胞的軸突／14壓覺特化初級感覺神經細胞的軸突／15緩覺特化初級感覺神經細胞的軸突（多種）

※：這些神經細胞的本體不在皮膚上。

說到「細胞」，你會想到什麼呢？

是學生時期從顯微鏡中看到的洋蔥表皮細胞嗎？

應該也有人聯想到常在新聞中看到或聽到的「ES細胞」、「iPS細胞」！

大象、老鼠之類的動物，抑或窗外的翠綠樹木，

以及隨著四季更迭而綻放不同花朵的植物，乃至造成疾病的細菌等等，

這些共存於地球上的生物雖然樣貌千差萬別，卻有個共通點——

那就是萬般生物的身體皆由「細胞」所構成。

當然，我們人類也是細胞的集合體。

譬如眼睛、耳朵、骨頭、肌肉，以及視網膜上可感受光之訊息的視桿細胞、

小腸內吸收營養的吸收上皮細胞等等。

這些細胞的外型、功能各有不同，在體內各個部位默默工作著，

讓生命能維持正常運作。

這些細胞都源自同一個受精卵。

細胞可以經由「細胞分裂」製造自己的分身來增加數量，

最後形成約270種不同樣貌且功能各異的器官。

這個「細」字，顧名思義，即表示單一個細胞是非常微小的。

由此看來，細胞應該隱含著某些共通的基本原理，才能維持生命的運作。

且讓我們透過本書，一起來探索「生命的奧祕」吧！

VISUAL BOOK OF THE CELL 細胞大圖鑑

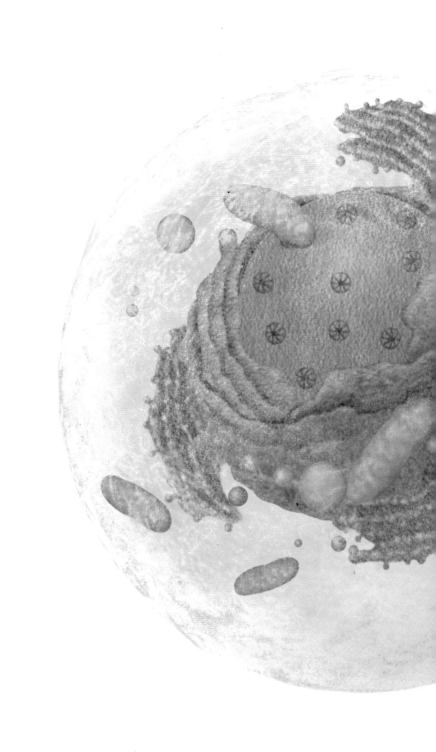

1

細胞的運作機制

How cells work

我們的身體約由 40 兆個細胞所組成

我們的身體約由270種細胞所組成。不管是腦、眼睛，還是骨骼、肌肉、腸道，都是許多細胞的集合體。近年的報告指出，人體大約有37兆個細胞[1]。若把這些細胞排成一列，幾乎就和地球到月球的距離（約38萬公里）一樣長。

大人與小孩在體型上有很大的差異，這是為什麼呢？體重3000公克左右的新生兒，約有 3 兆個[2]細胞。從新生兒成長為大人，或者說從受精卵發育成大人的過程中，個體會經由細胞分裂來增加細胞的數目。也就是說，大人和小孩體內的細胞數目有所不同。

那麼，大象和老鼠的細胞數目或大小有很大的差異嗎？道理就跟大人與小孩的情況一樣，動物的體型大小也是取決於細胞數目的多寡。若同樣是哺乳類動物，則細胞大小基本上不會有太大的差異。

※1：30～40歲的日本男性平均體重為70公斤左右，以此為基準估算。

※2：假設細胞的平均大小為100分之 1 毫米的立方體（比重為1），那麼 1 公克的身體約有10億個細胞，由此換算出概略的數目。

最初只是 1 個受精卵

這是 1 個受精卵經過持續不斷的細胞分裂後，成長為成人的示意圖。受精卵會先分裂成 2 個細胞，接著再各自分裂成更多細胞……經過40次以上的細胞分裂後，便會達到新生兒的細胞個數（約 3 兆個）。

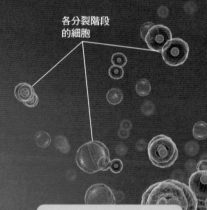

各分裂階段的細胞

受精約 42 天後的胚胎（胎兒）

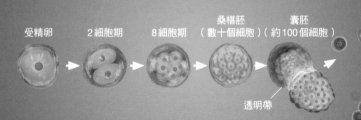

受精卵　2細胞期　8細胞期　桑椹胚（數十個細胞）　囊胚（約100個細胞）

透明帶

＊囊胚的圖示為從透明帶中破裂而出的狀態。

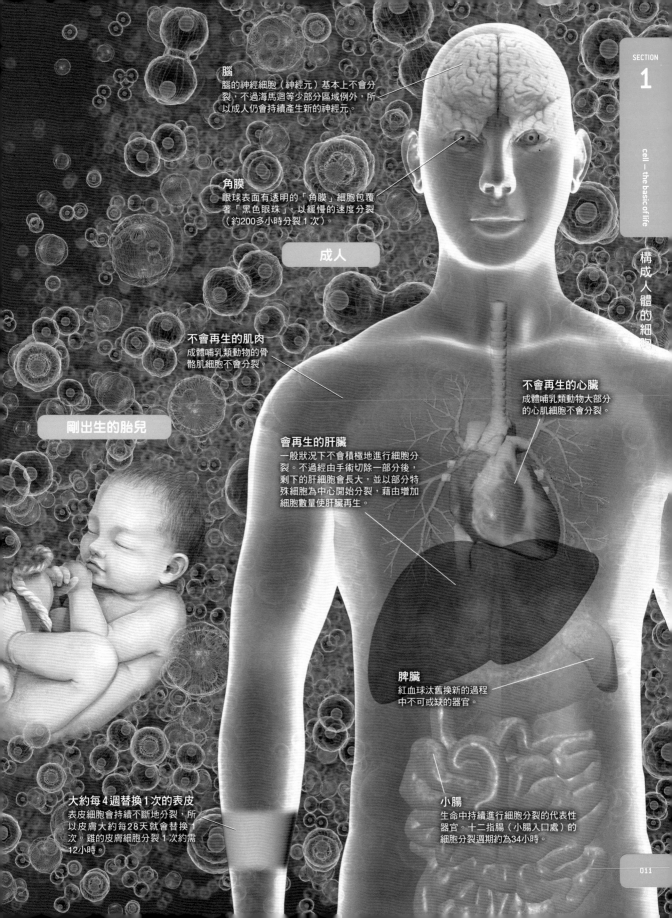

腦
腦的神經細胞（神經元）基本上不會分裂，不過海馬迴等少部分區域例外，所以成人仍會持續產生新的神經元。

角膜
眼球表面有透明的「角膜」細胞包覆著「黑色眼珠」，以緩慢的速度分裂（約200多小時分裂 1 次）。

成人

不會再生的肌肉
成體哺乳類動物的骨骼肌細胞不會分裂。

剛出生的胎兒

不會再生的心臟
成體哺乳類動物大部分的心肌細胞不會分裂。

會再生的肝臟
一般狀況下不會積極地進行細胞分裂。不過經由手術切除一部分後，剩下的肝細胞會長大，並以部分特殊細胞為中心開始分裂，藉由增加細胞數量使肝臟再生。

脾臟
紅血球汰舊換新的過程中不可或缺的器官。

大約每 4 週替換 1 次的表皮
表皮細胞會持續不斷地分裂，所以皮膚大約每28天就會替換 1 次。雞的皮膚細胞分裂 1 次約需 12小時。

小腸
生命中持續進行細胞分裂的代表性器官。十二指腸（小腸入口處）的細胞分裂週期約為34小時。

形形色色的細胞（真核生物／原核生物）

細胞擁有「膜」和遺傳訊息

細胞有很多種，形狀、大小、功能各有不同。不過所有細胞都有個共通點，那就是皆具備膜（細胞膜，cell membrane）的結構，以及細胞內含有遺傳訊息。

有一個明確的細胞核（cell nucleus），且核內含有遺傳訊息的細胞，稱作「真核細胞」（eukaryotic cell）。由真核細胞構成的生物稱作「真核生物」（eukaryota），動物（包括人類）、植物、真菌、原生生物（protist）皆屬於此類。另一方面，細胞內有遺傳訊息，卻沒有明確細胞核或胞器（organelle）的細胞，稱作「原核細胞」（prokaryotic cell）。由原核細胞構成的生物稱作「原核生物」（prokaryote），細菌（真細菌）與古細菌皆屬於此類。

生物圈中有某些細胞相當大，譬如鴕鳥蛋（未受精卵）的卵黃直徑約10公分。而最小的細胞則是一種黴漿菌屬（*Mycoplasma*）的原始細菌，其直徑僅0.00025毫米。人體的細胞大小依種類而有所不同，不過都在0.01毫米左右。人類卵子的直徑約0.14毫米，算是人類細胞中最大的。

鴕鳥蛋
在與精子相遇前的未受精卵階段，卵黃部分就是一個細胞。

浦金耶細胞
多細胞生物腦內的一種神經細胞，可在小腦中找到。

神經元
多細胞生物腦內的神經細胞。有許多細長的突起，可與其他神經細胞交換訊息。

形形色色的細胞

細胞有著形形色色的樣貌，不過每種細胞都有膜包裹著，且細胞內含有遺傳訊息。另外，像人類這種由許多細胞組成單一個體的生物，稱作「多細胞生物」；而像細菌這種僅由單一細胞組成單一個體的生物，則稱作「單細胞生物」。

↗ 肌纖維

淋巴球
多細胞生物的一種血液細胞（白血球），掌管免疫系統。大小約0.006～0.015毫米。

大腸桿菌
大量存在於哺乳類與鳥類大腸的單細胞生物（原核生物）。大小約0.001毫米。

嗜中性球
多細胞生物的一種血液細胞（白血球）。可消滅侵入體內的病原體等有害物質。大小約0.01毫米。

肌纖維
構成多細胞生物肌肉的細胞（肌肉為成束的肌纖維）。肌纖維內部有成束的肌原纖維，一個細胞含有多個細胞核。

阿米巴原蟲
生活在水裡及土壤中的單細胞生物。阿米巴原蟲（變形蟲）是一群原生生物的總稱，可以藉由變形來像物質進出細胞那樣移動。大小約0.01～0.1毫米。

纖維母細胞（fibroblast）
構成多細胞生物的一種皮膚細胞。可分泌膠原蛋白。

眼蟲→
生活在水中的單細胞生物。可像動物般用鞭毛運動，也可像植物般行光合作用。大小約0.1毫米。

紅血球
多細胞生物的一種血液細胞，負責運送氧氣。大小約0.008毫米

團藻
一種藻類，由數千個具單細胞生物性質的細胞集結成團，以群體為單位生活。內部空無一物。

草履蟲
生活在水中的單細胞生物。可用位於細胞表面的約2萬根纖毛來游動。大小約0.2～0.3毫米。

看到無數小房間的虎克

人類與細胞的邂逅，可以追溯到17世紀。當時任職英國科學學會「皇家學會」（Royal Society）的英國人虎克（Robert Hooke，1635～1703），負責管理各種實驗裝置。他自行組裝了可以放大30倍左右的顯微鏡，用來觀察黴菌、跳蚤等生物以及礦物，並且於1665年出版了《顯微圖譜》（Micrographia）一書。

書中有許多素描圖，其中一張是軟木塞的剖面，上頭有無數個小洞。虎克把這些小洞

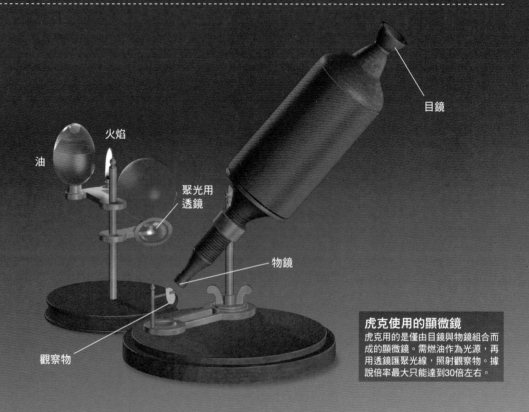

火焰

油

目鏡

聚光用透鏡

物鏡

觀察物

虎克使用的顯微鏡
虎克用的是僅由目鏡與物鏡組合而成的顯微鏡。需燃油作為光源，再用透鏡匯聚光線，照射觀察物。據說倍率最大只能達到30倍左右。

專欄
COLUMN

虎克和牛頓的交情不好嗎？

虎克對許多領域都有涉獵，除了發現與彈簧伸縮有關的「虎克定律」之外，還提出了光的波動說，與提倡光的粒子說的牛頓（Isaac Newton，1642～1727）有過一段爭論。據說在虎克死後，任皇家學會會長的牛頓還下令丟棄虎克的肖像畫，導致後世沒有留下任何一幅確定是虎克本人的畫像。

命名為「cell」，源自拉丁語的「cellua」，意指「小房間」。

繼虎克之後，也有許多學者使用顯微鏡觀察生物。譬如荷蘭的雷文霍克（Antonie van Leeuwenhoek，1632～1723）製作出可放大約200倍的單式顯微鏡，用以觀察細菌、藻類、紅血球等等，並向皇家學會報告觀察結果。就當時的技術而言，要把顯微鏡的放大倍率提升到數十倍以上是很不容易的事。

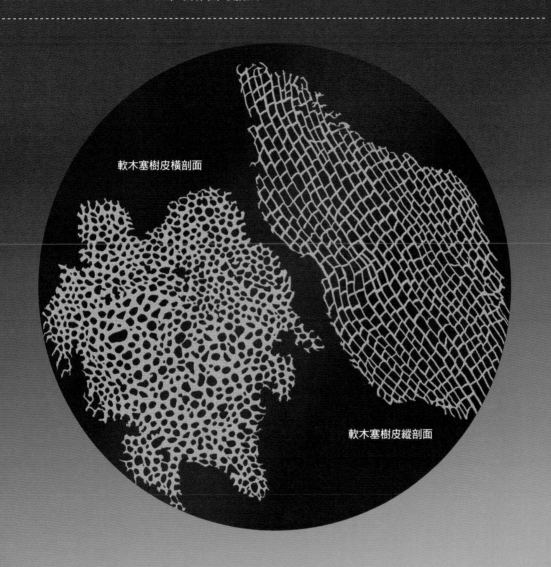

軟木塞樹皮橫剖面

軟木塞樹皮縱剖面

虎克是「細胞」的命名者

虎克用顯微鏡觀察了許多東西，並將之描繪下來，整理成《顯微圖譜》一書。上圖就是書中素描的複製圖，左邊是軟木塞樹皮橫剖面，右邊是軟木塞樹皮縱剖面。虎克看到無數的孔洞後，將其命名為「cell」。這些中空的小房間其實是細胞死後遺留下來的細胞壁，不過「cell」一詞時至今日仍用於指稱「細胞」。

細胞是構成所有生物的基本單位

19世紀初，顯微鏡的功能大幅提升，令當時的學者得以觀察更多不同的生物，也能看得更加仔細。譬如英國植物學家布朗（Robert Brown，1773～1858）就用顯微鏡觀察了各種植物的細胞，並公開發表細胞中都有細胞核。人們在18世紀時就已經知道細胞核的存在，不過布朗指出了細胞核乃是普遍存在於細胞內的結構。

許來登（Matthias Schleiden，1804～1881）與許旺（Theodor Schwann，1810～1882）各於1838年與1839年提出細胞學說[※]，主張「細胞是構成所有生物的基本單位」。不

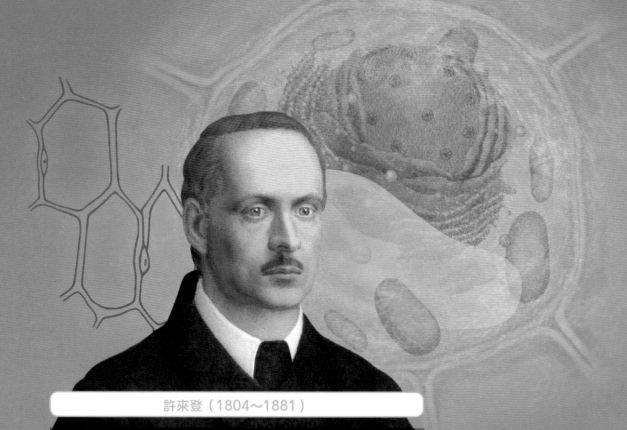

許來登（1804～1881）

德國植物學家，致力於以顯微鏡觀察植物的成長過程。1838年將其研究成果整理成冊，出版《植物發生論》（Grundzüge der Wissenschaftlichen Botanik）一書，主張細胞是構成植物的基本單位。

植物細胞示意圖（上）與手繪略圖（左）

過，許來登和許旺都誤解了細胞的增殖方式。現在我們知道細胞是透過細胞分裂來增殖，當時他們卻認為細胞核中會長出新的細胞。這個錯誤認知在學界持續了一段時間，直到1858年德國的病理學家魏爾修（Rudolf Virchow，1821～1902）提出新的主張 ——「所有細胞都是透過細胞分裂形成的」。

※：除了許來登和許旺之外，還有許多學者投入細胞的觀察與研究，所以細胞學說的誕生不只是他們兩位的功勞。

布朗（左）與魏爾修（右）
布朗也是1827年左右發現「布朗運動」的人物，源自於花粉破裂之後釋出的微粒會在水面上不規則運動，他認為該現象是花粉中的「生命之源」所引發的。不過實際上這只是微粒與水分子碰撞所產生的現象而已，愛因斯坦（Albert Einstein，1879～1955）於1905年說明了此與生命現象無關。

許旺（1810～1882）

德國生理學家，以顯微鏡觀察蝌蚪尾部脊椎等，主張動物和植物一樣，構成個體的基本單位都是細胞。

動物細胞示意圖（上）與兩生類軟骨細胞手繪略圖（右）

動物細胞的基本結構

所有的動物細胞皆由「細胞膜」包裹著。細胞內的「細胞核」收納著遺傳訊息DNA（deoxyribonucleic acid，去氧核糖核酸），DNA是合成各種細胞所需之蛋白質的「設計圖」。

在細胞膜內，細胞核以外的部分稱作「細胞質」（cytoplasm），由「細胞質基質」（cytoplasmic matrix）與各式各樣的胞器構成。層層環繞在細胞核周圍的層狀結構叫作「內質網」（endoplasmic reticulum，ER），與運送細胞內合成的物質有關。「高基氏體」（Golgi bodies）也是層狀結構，負責將細胞內合成的物質運送至細胞外。

「粒線體」（mitochondrion）散布於細胞內，形狀就像膠囊一般，是一種有雙層膜與褶皺結構的胞器，會製造ATP（adenosine triphosphate）作為細胞活動的能量來源。

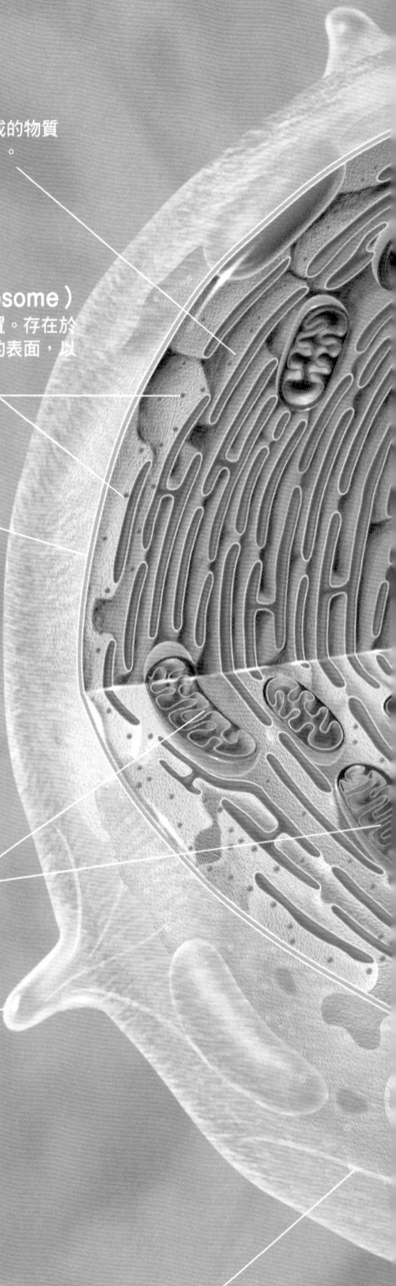

內質網
與運送細胞內合成的物質有關（→第24頁）。

核糖體（ribosome）
合成蛋白質的裝置。存在於內質網與細胞核的表面，以及細胞質基質中（→第24頁）。

細胞膜
（→第28頁）

溶體（lysosome）
功能是分解細胞內的廢物（圖中未繪出）。

過氧化物酶體（peroxisome）
進行多種物質氧化反應的囊泡（圖中未繪出）。

粒線體
不同種類的細胞，粒線體的數量與形狀也大不相同。粒線體的發現者不明，不過發現的時間最晚可追溯到19世紀後半期（→第30頁）。

細胞骨架延伸所構成的突起，可改變細胞形狀。

動物細胞

動物細胞共有的基本結構。圖示僅繪出構成動物體之各種細胞都有的胞器，實際上每種細胞之間仍有所差異。然而，大多數的動物細胞無關物種或細胞種類，幾乎都有細胞核、內質網、高基氏體、粒線體等胞器。這些胞器會與細胞骨架連結，固定在一定範圍內。

細胞骨架（cytoskeleton）
由蛋白質構成的纖維，分布於細胞內各處，功能是維持細胞的形狀。會與胞器連結，使其固定或移動。

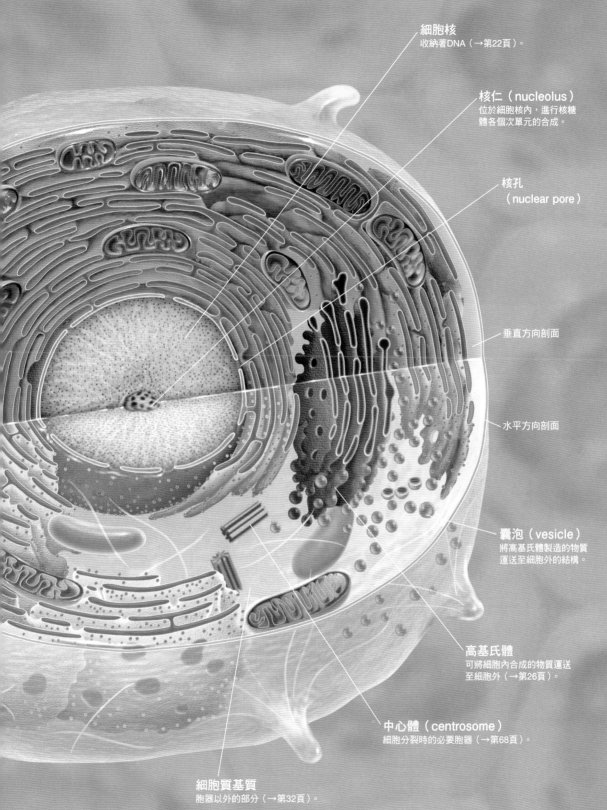

細胞核
收納著DNA（→第22頁）。

核仁（nucleolus）
位於細胞核內，進行核糖
體各個次單元的合成。

核孔
（nuclear pore）

垂直方向剖面

水平方向剖面

囊泡（vesicle）
將高基氏體製造的物質
運送至細胞外的結構。

高基氏體
可將細胞內合成的物質運送
至細胞外（→第26頁）。

中心體（centrosome）
細胞分裂時的必要胞器（→第68頁）。

細胞質基質
胞器以外的部分（→第32頁）。

＊實際細胞多為半透明狀，不過圖示特將各胞器著上不同顏色。

植物細胞的 基本結構

植 物細胞與動物細胞最大的差異在於有無「葉綠體」（chloroplast）的存在。葉綠體是行光合作用（photosynthesis）的胞器。藉由光合作用，便能利用太陽光的能量將二氧化碳與水合成糖，並釋出氧氣。

　　植物細胞的細胞膜外側有堅固的「細胞壁」（cell wall），功能是支撐植物的身體。另外，植物細胞通常具有「液胞」（vacuole），有時會占據細胞的大部分體積。

　　液胞的存在，和植物「無法自行移動」的性質有很大的關係。無法移動的植物為了取得繁殖優勢，必須讓身體儘快成長茁壯（像是將葉片伸展到更高的位置等），而體積大的細胞有利於達到這個目標。事實上，植物細胞的直徑通常是動物細胞的數倍。另外，也因為擁有主成分為水的液胞，植物可以輕而易舉地為細胞體積與表面積「灌水」。

＊「真菌」與動物植物同為真核生物，其細胞除了擁有和動物細胞相同的胞器之外，也具有細胞壁。

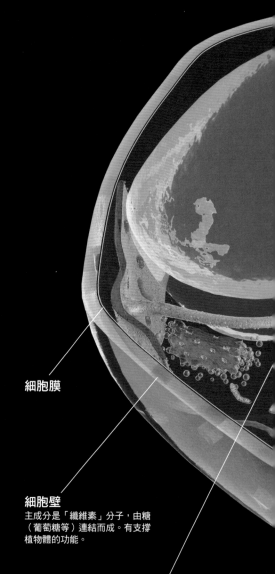

細胞膜

細胞壁
主成分是「纖維素」分子，由糖（葡萄糖等）連結而成。有支撐植物體的功能。

液胞
主成分是水，可大幅提升細胞的體積與表面積。另外也具有和動物細胞溶體類似的功能，可分解廢物等。順帶一提，檸檬之所以會酸、哈密瓜之所以會甜，是因為這些植物的液胞含有酸和糖。

植物細胞

植物細胞共有的結構。除了動物細胞擁有的結構之外，還多了葉綠體、細胞壁、液胞。與動物細胞相比，植物細胞的內質網傾向往細胞膜的方向發展。另外，植物細胞的高基氏體規模比動物細胞小，且較為分散。

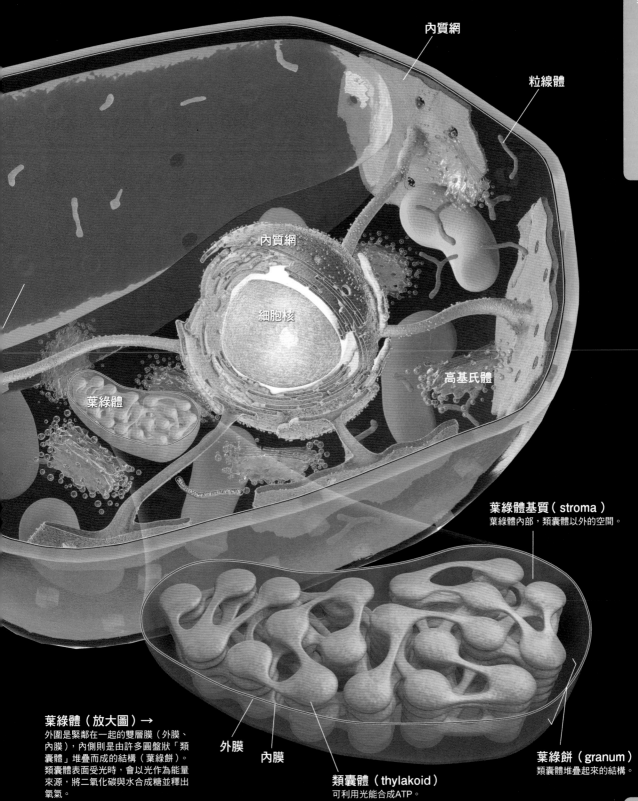

內質網

粒線體

內質網

細胞核

高基氏體

葉綠體

葉綠體基質（stroma）
葉綠體內部，類囊體以外的空間。

葉綠體（放大圖）→
外圍是緊鄰在一起的雙層膜（外膜、
內膜），內側則是由許多圓盤狀「類
囊體」堆疊而成的結構（葉綠餅）。
類囊體表面受光時，會以光作為能量
來源，將二氧化碳與水合成糖並釋出
氧氣。

外膜

內膜

類囊體（thylakoid）
可利用光能合成ATP。

葉綠餅（granum）
類囊體堆疊起來的結構。

保存了遺傳訊息的 細胞指揮中心

「細胞核」是細胞內最顯眼的結構。核的直徑約為千分之幾毫米，外圍由雙層結構的核膜包裹著。核膜上有許多名為核孔的小洞，許多物質可以透過這些通道進出核的內外。

細胞核內收納著遺傳訊息，美國的遺傳學家摩根（Thomas Hunt Morgan，1866～1945）是首位以實驗證明了這點的人。他用果蠅做實驗，證實帶有遺傳訊息的「基因」（gene）位於細胞核內的染色體（chromosome）上。

基因的實際樣貌是長鏈狀分子DNA。細胞會依照基因中的資訊，製造出各種蛋白質。蛋白質不只是構成肌肉、膠原蛋白等身體成分的要素，也是進行化學反應所需的「酶」（enzyme）、細胞間傳遞資訊時所需的「激素」（hormone），可以說是生物不可或缺的物質。

DNA控制著蛋白質的合成，而細胞核又負責管理DNA。由此可知，細胞核可以說是細胞的指揮中心。

運輸囊泡

細胞核

細胞核的結構與功能

細胞核的基本結構（為明示其內部結構，某些部分以剖面形式呈現）。細胞會根據細胞核內的DNA資訊，製造生命活動所需的各種蛋白質。

核糖體

核仁
可合成核糖體（製造蛋白質
的裝置）的次單元。

DNA
帶有遺傳訊息的鏈狀分子。
與蛋白質纏繞在一起，以
「染色質纖維」的形式存
在。細胞分裂時，DNA會摺
疊成染色體結構。

核孔
核膜上的孔。不同細胞種類的核孔數
目有所差異，約有100～1000個，其
直徑約10奈米。

核膜
雙層膜結構，每層膜的厚度約 8 奈米
（1 奈米為 10 億分之 1 公尺）。

將蛋白質送往高基氏體

細 胞核周圍有著與核膜相連的「內質網」。1945年，生於加拿大的波特（Keith Porter，1912～1997）與其團隊，使用剛開發出來的電子顯微鏡發現了內質網。內質網是由扁膜堆疊而成的層狀結構，與分泌有關的細胞會特別發達。

內質網的一大功能是將蛋白質送往高基氏體。內質網表面散布著許多蛋白質的合成裝置 —— 核糖體。在這裡合成的蛋白質最終都會被送往細胞膜等處，或者在細胞外作用。

核糖體合成的蛋白質會透過內質網膜上的通道，進入內質網內部（1）。當內質網表面生成網狀蛋白質膜時，該區的內質網就會往外凸出形成袋狀結構，收集特定的蛋白質（2）。因此形成的運輸囊泡會離開內質網，前往高基氏體（3）。

專欄 COLUMN｜在細胞外作用的蛋白質會聚集到內質網的原因

在細胞膜上與細胞外作用的蛋白質，由位於內質網表面的核糖體製造；而在細胞內作用的蛋白質，則是由細胞質基質中的核糖體製造。在合成蛋白質的過程中，有某種機制可以將這兩者分開。蛋白質中由特殊胺基酸序列構成的區域，叫作「訊號肽」（signal peptide）。在細胞膜上或細胞外發揮功能的蛋白質，其訊號肽具有與埋在內質網膜上的「蛋白質轉位體」（translocon）結合的性質，所以合成中的蛋白質會與核糖體一同運送至蛋白質轉位體。隨著合成過程的進行，蛋白質會穿過蛋白質轉位體形成的通道，進入內質網內部。

另外，訊號肽有許多種類（譬如細胞核訊號肽、粒線體訊號肽等），蛋白質會依此運送到不同的地方。

內質網的膜（與核膜相連）

核膜

核孔

細胞核

送往高基氏體
的運輸囊泡

高基氏體

1. 蛋白質進入內質網內部
核糖體合成的蛋白質可透過內質網
膜上的通道（蛋白質轉位體）進入
內質網內部。

核糖體

2. 形成運輸囊泡
當內質網表面生成網狀蛋白質膜
時，內質網內部的蛋白質將聚集
而來。接著，網狀蛋白質變成球
狀、分離出來，形成運輸囊泡。

3. 運輸囊泡（剖面）
送往高基氏體。

聚集而來的蛋白質

剖面

內質網內部

呈層狀結構的內質網

內質網是與核膜相連的膜狀結構，膜內呈空洞狀。內質網的表面有
許多蛋白質合成裝置 —— 核糖體。在細胞膜上與細胞外發揮功能的
蛋白質，皆由內質網表面的核糖體製造。

修飾蛋白質後
送往細胞膜等處

與 內質網類似，「高基氏體」也是由膜組成的扁平層狀結構，膜內呈空洞狀。義大利的解剖暨病理學家高基（Camillo Golgi，1843〜1926）開發出銀染色技術，並於1898年發現了這個胞器。

抵達高基氏體的運輸囊泡會與高基氏體的膜融合，促使運輸囊泡內的蛋白質進入高基氏體。

高基氏體可以「修飾」蛋白質。若希望蛋白質正常發揮功能，則需將內質網附加在蛋白質上的「糖鏈」分子轉變成正確的結構。高基氏體內具有多種酶，可用於修飾糖鏈。

高基氏體最外側的膜叫作「高基氏體成熟面網」（trans-Golgi network），可依蛋白質的目的地為其進行「分類」。蛋白質主要的目的地包括細胞膜與溶體。依目的地分類過的蛋白質，會在高基氏體成熟面網填入囊泡中，送往目的地。

內質網可分為表面有核糖體的「粗糙內質網」，與表面沒有核糖體的「平滑內質網」。平滑內質網可合成細胞膜與各胞器膜上的脂質，以及貯藏鈣離子。

內質網

運送到高基氏體的蛋白質

運輸囊泡
將蛋白質從內質網運送到高基氏體。

高基氏體是
蛋白質的物流中心

高基氏體可為製造完成的蛋白質分類，再送往細胞膜與溶體。合成時出錯的蛋白質，則由高基氏體予以分解。

蛋白質的「修飾」
高基氏體擁有5〜6層的層狀結構，內容物會依序從靠近內質網的一側移往遠離內質網的一側，在層內作用的酶種類也會隨之變化。藉由與各種酶依序反應，糖鏈得以修飾成正確的結構，使蛋白質完成。

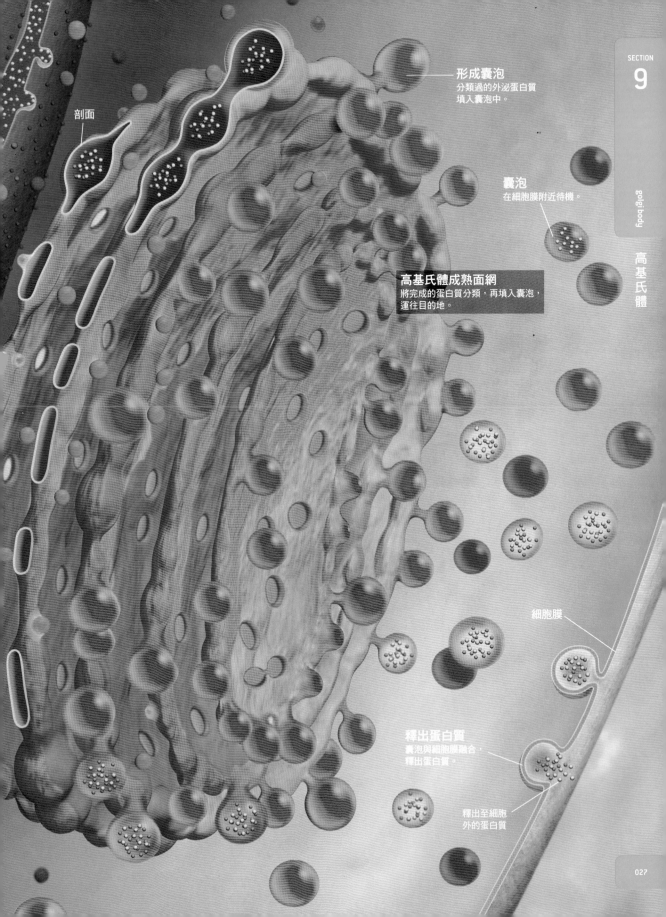

剖面

形成囊泡
分類過的外泌蛋白質
填入囊泡中。

囊泡
在細胞膜附近待機。

高基氏體成熟面網
將完成的蛋白質分類,再填入囊泡,
運往目的地。

細胞膜

釋出蛋白質
囊泡與細胞膜融合,
釋出蛋白質。

釋出至細胞
外的蛋白質

管理物質進出的「細胞膜」

「細胞膜」不只可分隔細胞內外,也是管理各種物質進出細胞內外(由細胞內出去或是從細胞外進入)的場所。

細胞膜由磷脂組成。磷脂有1個「頭」與2隻「腳」。頭的部分親水,腳的部分則具有疏水性。所以當磷脂聚集在水中時,就會形成頭朝向外側、腳朝向內側的雙層結構,即相當柔軟的脂質雙層膜(lipid bilayers membrane)。而且就像前面介紹過的內質網與高基氏體一樣,分離出來的囊泡可以和細

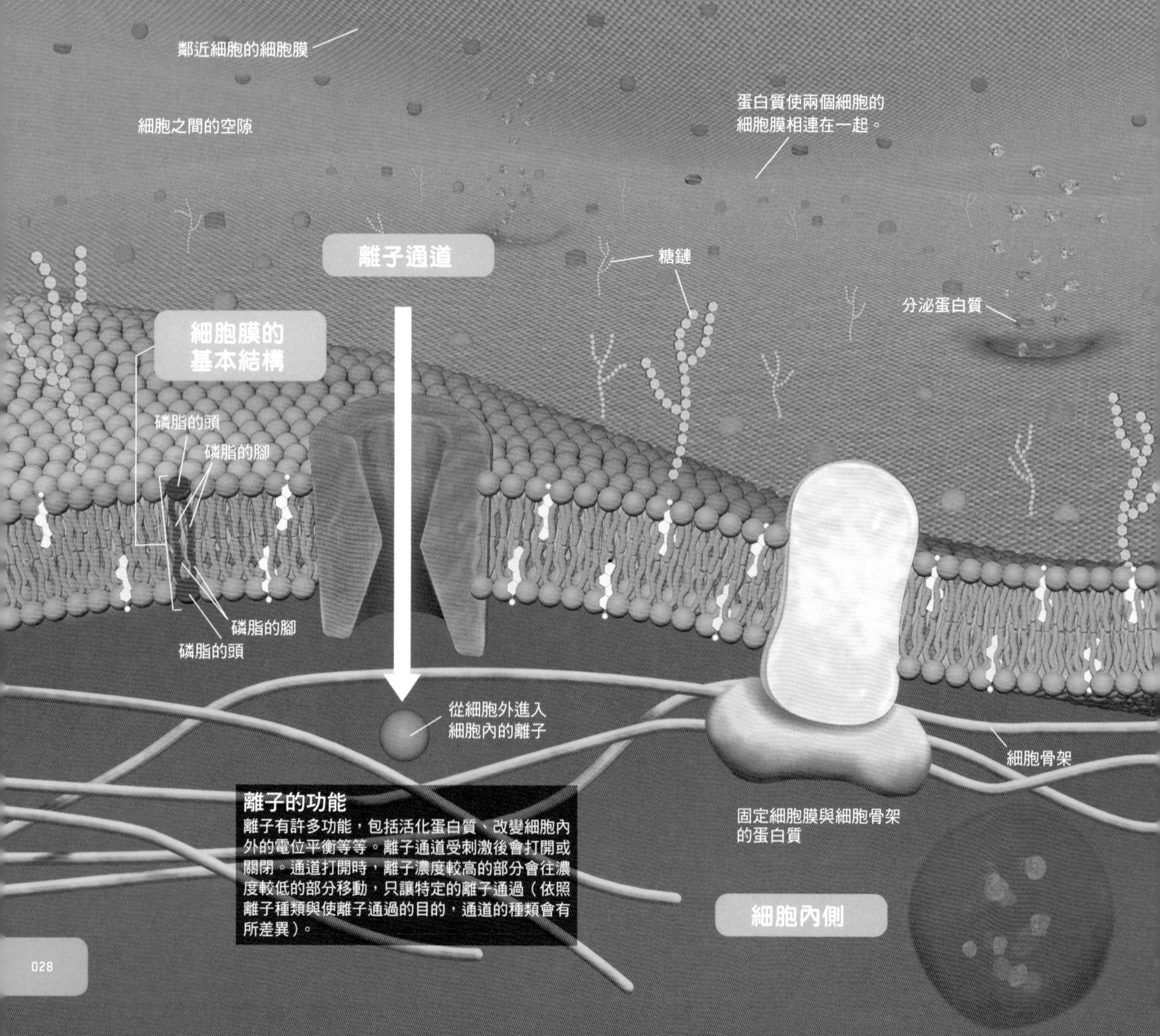

鄰近細胞的細胞膜

細胞之間的空隙

蛋白質使兩個細胞的細胞膜相連在一起。

離子通道

糖鏈

分泌蛋白質

細胞膜的基本結構

磷脂的頭

磷脂的腳

磷脂的腳

磷脂的頭

從細胞外進入細胞內的離子

細胞骨架

固定細胞膜與細胞骨架的蛋白質

離子的功能

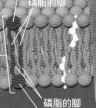

離子有許多功能,包括活化蛋白質、改變細胞內外的電位平衡等等。離子通道受刺激後會打開或關閉。通道打開時,離子濃度較高的部分會往濃度較低的部分移動,只讓特定的離子通過(依照離子種類與使離子通過的目的,通道的種類會有所差異)。

細胞內側

胞膜融合。

細胞膜上埋有「離子通道」裝置，只會讓特定物質通過。另外，膜上還有「載體」（transport protein，運輸蛋白）可以和特定

物質結合，藉由改變自身結構使物質得以通過細胞膜。「受體」（receptor）可與訊號傳遞物質結合，以接收來自細胞外的訊號再傳至細胞內。

細胞膜的結構與功能

細胞膜是由磷脂形成的雙層結構※。藉由埋在膜上的各種蛋白質，可以管理水、離子、營養素等物質進出細胞。某些蛋白質還可以接收來自其他細胞的訊號傳遞物質，或與相鄰細胞的細胞膜相連在一起。

※：不光是細胞膜，細胞核、內質網、高基氏體等胞器的膜，基本上都有類似的結構。

膽固醇
可調節細胞膜的流動性。

受體

訊號傳遞物質

載體

打開

接收訊號的「受體」
細胞膜上埋著許多「受體」，可接收其他細胞分泌的各種訊號傳遞物質。收到訊號的受體（與訊號傳遞物質結合）會活化，再將訊號傳遞給細胞內的其他蛋白質。

打開

載體的結構改變，將欲運輸的物質釋放至細胞內。

將訊號進一步傳送給下一個蛋白質

欲運輸的物質進入載體。

消耗能量的運輸
要將物質從物質濃度較低的部分送往濃度較高的部分時，載體需與欲運輸的物質結合，藉由改變自身結構來運送物質。載體改變結構需消耗能量（ATP）。

囊泡將蛋白質從高基氏體運過來，與細胞膜融合

製造生命活動所需的能量

「粒線體」可在細胞內製造細胞活動所需的能量（ATP，腺嘌呤核苷三磷酸）。

我們攝取的食物會在消化酶等的作用下分解成較小的分子，這些分子經過小腸吸收後，會以葡萄糖等形式透過血液運送至體內各個細胞。葡萄糖會在細胞質基質內轉換成丙酮酸，再送入粒線體基質（mitochondrial matrix）內。

粒線體基質內的丙酮酸會再分解成二氧化碳與氫離子，並釋放出電子。在粒線體內膜的膜蛋白作用下，粒線體基質的氫離子會來到膜間隙，使其中的氫離子濃度上升。此時氫離子會傾向回到濃度較低的粒線體基質，於是穿過內膜上的ATP合成酶，使其一部分做旋轉運動，並利用產生的動能來合成ATP。

這個過程需要用到氧氣，且會排出二氧化碳。我們之所以需要呼吸，就是為了驅動粒線體合成ATP。

內質網

膜間隙
外膜與內膜之間的空隙。

粒線體是能量工廠

德國醫師本達（Carl Benda，1857～1932）於1894年發現粒線體，將其命名為「mitochondrion」。其中的「mito」是源自「線狀」，「chondrion」則是源自「顆粒」的拉丁語。為明示其內部結構，以剖面圖呈現。我們從食物中獲得營養素、透過呼吸獲得氧氣，細胞的粒線體便可利用營養素與氧氣產生能量，並排出二氧化碳。

粒線體皺褶（cristae）
內膜摺疊而成的結構。

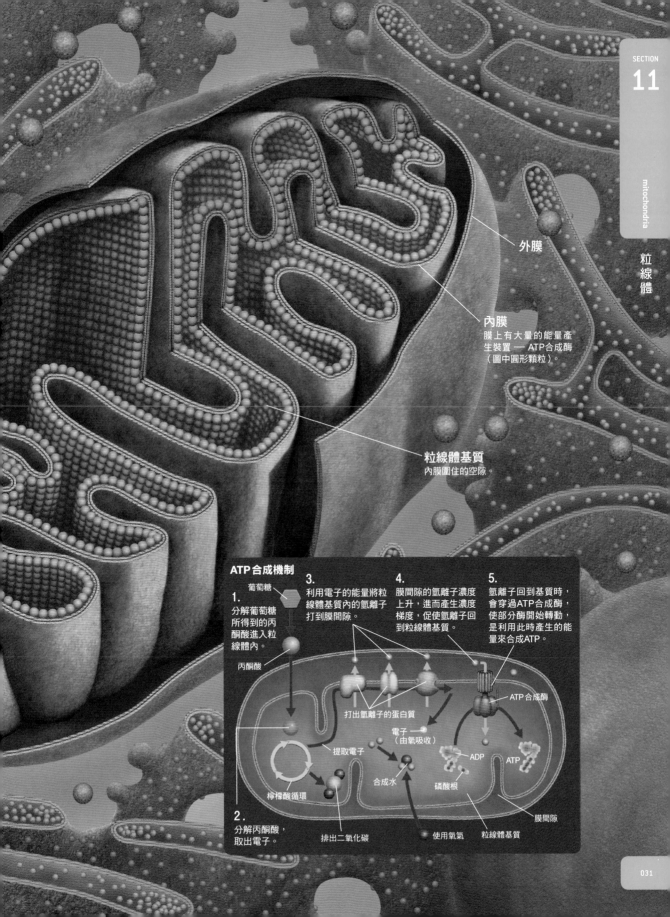

外膜

內膜
膜上有大量的能量產
生裝置 ── ATP合成酶
（圖中圓形顆粒）。

粒線體基質
內膜圍住的空隙。

ATP合成機制

葡萄糖

1.
分解葡萄糖
所得到的丙
酮酸進入粒
線體內。

丙酮酸

2.
分解丙酮酸，
取出電子。

檸檬酸循環

3.
利用電子的能量將粒
線體基質內的氫離子
打到膜間隙。

4.
膜間隙的氫離子濃度
上升，進而產生濃度
梯度，促使氫離子回
到粒線體基質。

5.
氫離子回到基質時，
會穿過ATP合成酶，
使部分酶開始轉動，
是利用此時產生的能
量來合成ATP。

打出氫離子的蛋白質

電子
（由氧吸收）

提取電子

合成水

排出二氧化碳

使用氧氣

ATP合成酶

ADP

ATP

磷酸根

膜間隙

粒線體基質

建構生物外型的 「細胞質基質」

細胞內各個胞器之間的空隙，稱作「細胞質基質」（cytoplasmic matrix）或「胞質液」（cytosol）。「matrix」源自拉丁語的「mater」（母親）。順帶一提，數學中的 matrix指的是「矩陣」。細胞質基質不只建構出生物的外型，作為細胞內的液體也是物質移動或代謝的場所。

細胞質基質含有各式各樣的物質。最多的

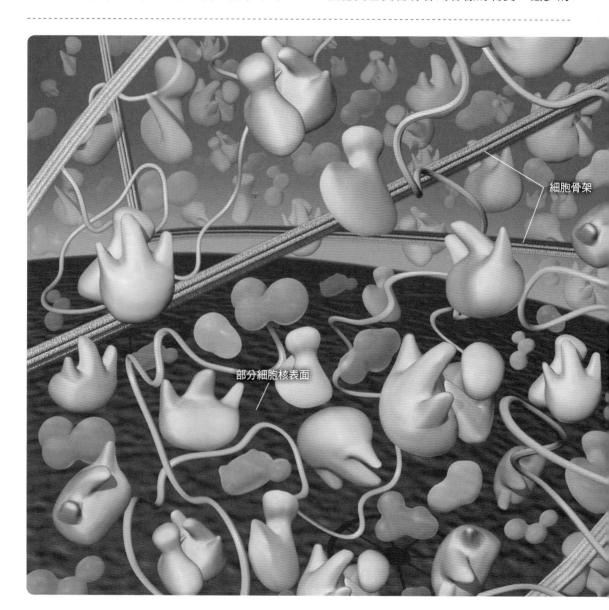

細胞骨架

部分細胞核表面

是水，再來是蛋白質的合成裝置 —— 核糖體、由核糖體製造出來的各種蛋白質，以及將蛋白質設計資訊傳送給核糖體的RNA（核糖核酸）等等。除此之外，細胞質基質也含有多種小分子，包括生成能量時會用到的葡萄糖（醣類），以及構成蛋白質的原料 —— 胺基酸。

細胞質基質（↓）

下圖中相對較大的核糖體（藍色）、蛋白質（紅色、橙色）、RNA（淺紫色線狀圖案）是仿照真實密度繪製而成。另外，圖中雖未繪出，不過細胞質基質還含有大量的水、葡萄糖、胺基酸等各種物質。

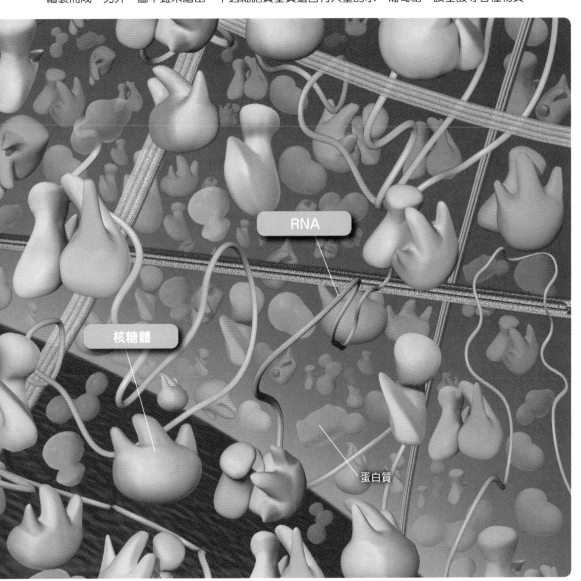

RNA

核糖體

蛋白質

COLUMN
老化與癌症的主因「活性氧」

粒線體產生能量的過程中，會無可避免地產生副產品「活性氧」。

活性氧是很重要的物質，可以保護身體不被侵入體內的細菌、病毒攻擊。可一旦活性氧過多，就會開始攻擊細胞自身的蛋白質與DNA，反而變成一個有害的物質。損傷逐漸累積後，會造成細胞的運作效率變低，進而導致老化、引發各種疾病。尤其有一說指出，當過多的活性氧對細胞核內的DNA造成傷害，將會導致細胞癌化。

因此，細胞擁有一定機制用以保護自己不被活性氧攻擊。具體來說，就是靠「抗氧化物質」的作用，將活性氧轉變成無毒的水分子。不過，實際上的化學反應相當複雜，並不是直接把活性氧轉變成水。

主要的抗氧化物質包括「過氧化物歧化酶」（superoxide dismutase，SOD）、「過氧化氫酶」（catalase）等酶。一般認為，這些抗氧化物質作用的位置各有不同，卻都不可或缺。除了酶之外，維生素C、E、多酚（polyphenol）、類胡蘿蔔素（carotenoid）等，也屬於抗氧化物質，主要可以去除活性氧或抑制活性氧產生。另外，多酚包括茶中的「兒茶素」（catechin）、葡萄種子中的「原花青素」（proanthocyanidin）；類胡蘿蔔素則包括番茄含有的「茄紅素」（lycopene）等等。

健康食品可以減少活性氧嗎？

隨著年齡的增長，細胞內的活性氧含量也會逐漸增加。這會降低粒線體的工作效率，減少體內的抗氧化物質。一般認為，某些物質可以有效減少隨著年齡增長而產生的活性氧，像是「輔酶Q10」（Coenzyme Q10）與「硫辛酸」（lipoic acid），這兩者原本都是與粒線體產生能量過程

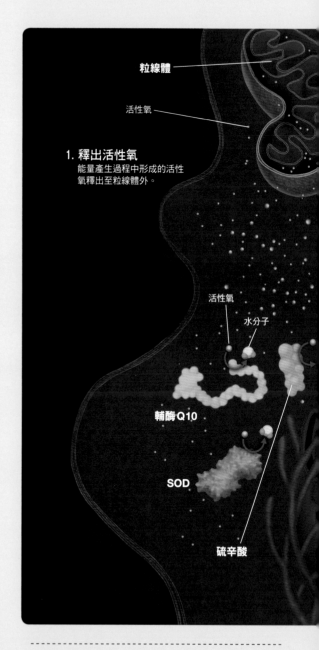

粒線體

活性氧

1. 釋出活性氧
能量產生過程中形成的活性氧釋出至粒線體外。

活性氧

水分子

輔酶Q10

SOD

硫辛酸

有關的物質。

許多健康食品中也含有這些物質，特別是輔酶

活性氧的攻擊

粒線體釋出的活性氧會攻擊細胞內的蛋白質與DNA。蛋白質與DNA的損傷累積過多時，細胞會失去功能，甚至癌化。

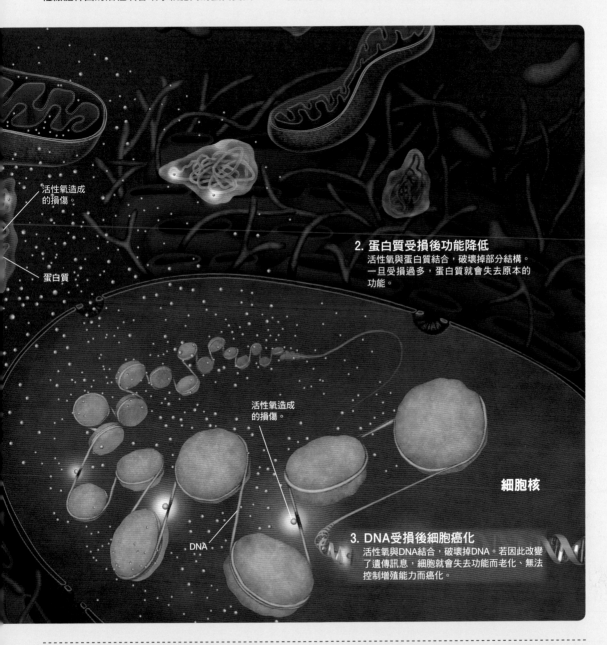

活性氧造成
的損傷。

蛋白質

2. 蛋白質受損後功能降低
活性氧與蛋白質結合，破壞掉部分結構。
一旦受損過多，蛋白質就會失去原本的
功能。

活性氧造成
的損傷。

細胞核

DNA

3. DNA受損後細胞癌化
活性氧與DNA結合，破壞掉DNA。若因此改變
了遺傳訊息，細胞就會失去功能而老化、無法
控制增殖能力而癌化。

Q10也用於預防心臟衰竭。雖然有人說服用這些物質可以抗老化，但其效果還有許多不明之處。

譬如在缺少輔酶Q10的情況下，線蟲的壽命會增加，果蠅的壽命卻會縮短。

最初的生命
如何誕生

俄羅斯的生化學家奧巴林（Alexander Ivanovich Oparin，1894～1980）認為，在生命誕生以前，地球上已存在可作為生命材料的有機化合物，他是首位提出這種說法的人。1936年，時任莫斯科國立大學教授的奧巴林將自己的說法整理成《生命起源》（The Origin of Life）一書出版。後來也證實了有機化合物可由無機化合物合成出來，於是奧巴林的說法開始廣獲眾人支持。

《生命起源》描述從有機化合物誕生出原始生命的過程。生命誕生之際，應會先形成代表生命邊界的「膜」。奧巴林將水、磷脂、蛋白質混合，得到許多名為「凝聚體」（coacervate）的微小球體，他認為這就是原始生命的形式（細胞的原型）。

細胞膜

專欄 COLUMN　　有機化合物的出現

1953年，芝加哥大學的研究生米勒（Stanley Miller，1930～2007）在尤里（Harold Urey，1893～1981）教授的指導下，將當時人們認為是原始地球大氣成分的甲烷、氨、水蒸氣等氣體（無機化合物）充灌入實驗裝置中，並模仿雷電施加電擊。結果，實驗裝置內的液體（相當於原始海洋）生成了多種有機化合物。

不過後來人們傾向認為，原始地球的大氣成分應該以一氧化碳、二氧化碳、氮氣等氧化程度較高的氣體（含有較多氧原子）為主。於是科學家將原料換成了氧化程度較高的氣體，再次進行米勒的實驗，卻發現生成的有機化合物非常少。由此可知，原始地球的大氣成分無法合成出生命誕生所需的有機化合物。

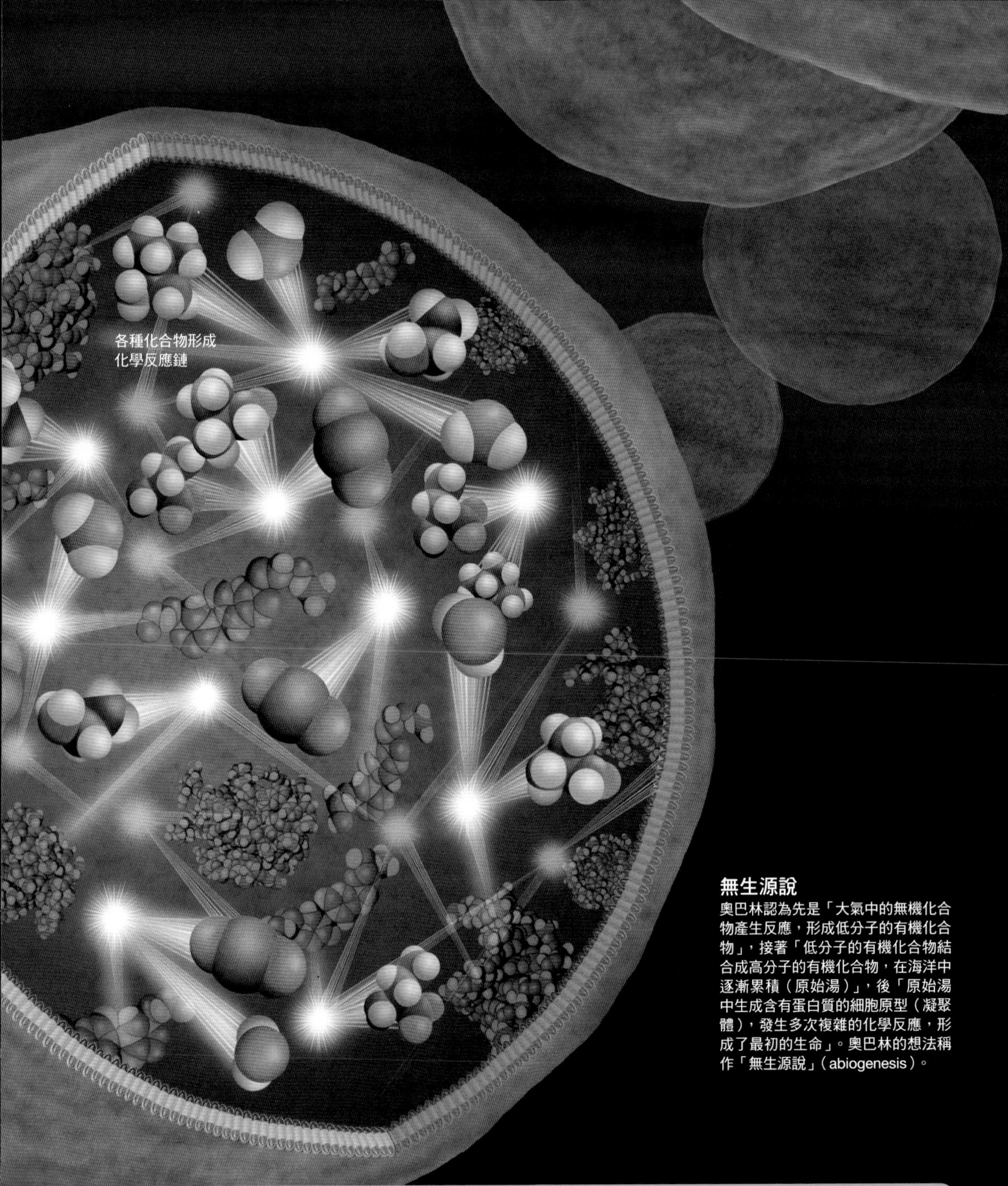

各種化合物形成
化學反應鏈

無生源說

奧巴林認為先是「大氣中的無機化合物產生反應，形成低分子的有機化合物」，接著「低分子的有機化合物結合成高分子的有機化合物，在海洋中逐漸累積（原始湯）」，後「原始湯中生成含有蛋白質的細胞原型（凝聚體），發生多次複雜的化學反應，形成了最初的生命」。奧巴林的想法稱作「無生源說」（abiogenesis）。

原始的生命

上方想像圖顯示，封閉於細胞膜中的多種化合物反覆進行化學反應，原子因此誕生出生命。藉膜與外界隔離的多種分子進一步濃縮（提高分子彼此相撞的機率），使化學反應的頻率增加，最後具生命活力的原始細胞於焉誕生。

生命誕生於熱液噴口？

現 在幾乎所有科學家都同意「最初的生命誕生於海洋」。生命現象是化學反應的組合。能溶解各種化學物質的海水，是相當適合進行各種化學反應的場所。另外，細胞與海水的成分相似，這也在某種程度上說明了海洋是「生命之母」。

學者認為，「熱液噴口」（hydrothermal vent）很可能是生命誕生的地方。海底的水經地下岩漿加熱後，會從熱液噴口處噴湧而出，就像煙囪冒煙一樣。自美國潛水艇「阿爾文號」（Alvin）在1977年於加拉巴哥群島的海底發現熱液噴口以來，世界各地也多有發現。

熱液噴口有熱能作為能量來源，亦含有豐富的甲烷、氨等可作為有機化合物（胺基酸等）的原料，這些都是有利於生命誕生的諸多條件。

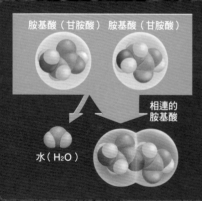

胺基酸（甘胺酸）　胺基酸（甘胺酸）

相連的胺基酸

水（H_2O）

胺基酸的連接方式

蛋白質由多個胺基酸連接而成。當某個胺基酸與其他胺基酸相連時（左圖範例乃兩個甘胺酸相連），其中一個胺基酸會失去氫原子（H），另一個胺基酸則會失去氧原子與氫原子（OH）。失去的原子結合成水分子（H_2O）釋出，稱作「脫水縮合」（dehydration condensation）反應。通常該反應不會在水中發生，但在某些特殊條件下，譬如在超臨界水中或者有催化劑時就會發生。

熱液噴口

已知在水深2200公尺以下的環境，熱液噴口會噴出溫度高達400℃的熱水。因為深海水壓大，所以水的沸點也比較高。

有些學者認為，胺基酸在熱水（超臨界水）的作用下連接在一起，進而生成蛋白質。超臨界水指的是溫度超過374℃、壓力超過218大氣壓（22.1百萬帕），狀態介於液態與氣態之間的水。有機化合物易溶於超臨界水，無機化合物則否，恰與尋常水呈相反現象。

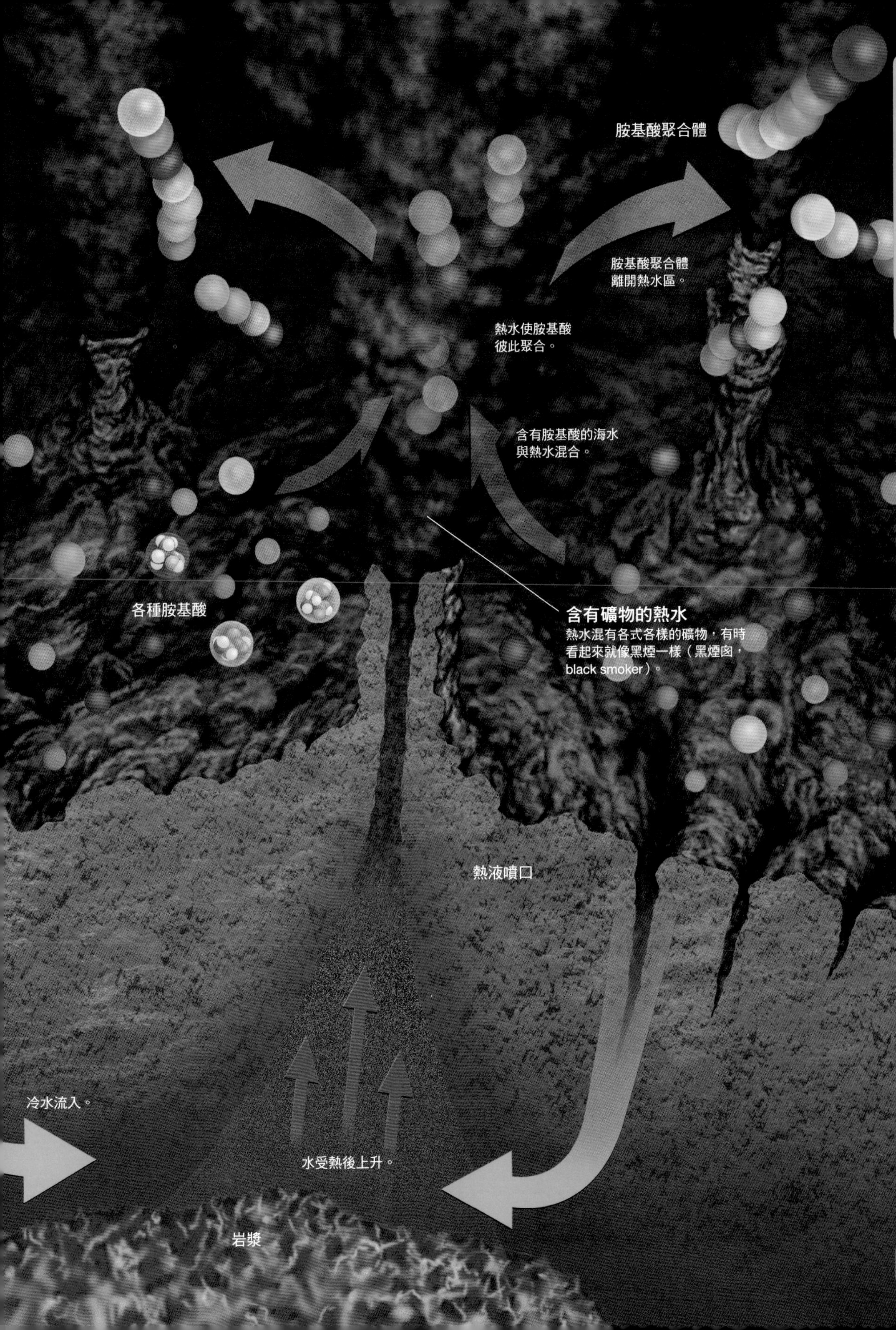

熱
液
噴
口

胺基酸聚合體

胺基酸聚合體
離開熱水區。

熱水使胺基酸
彼此聚合。

含有胺基酸的海水
與熱水混合。

各種胺基酸

含有礦物的熱水
熱水混有各式各樣的礦物，有時
看起來就像黑煙一樣（黑煙囱，
black smoker）。

熱液噴口

冷水流入。

水受熱後上升。

岩漿

人與動物皆由「共同祖先」進化而來

要製造蛋白質，就需要DNA作為設計圖。不過DNA在複製時，也需要蛋白質（酶）。兩者之間就像「雞生蛋、蛋生雞」的關係，所以兩者應該都不會單獨於地球上出現。

在1980年代初期，研究人員發現可以攜帶遺傳訊息也能促進化學反應的裝置 —— 具有酶活性的RNA「核糖核酸酶」（ribozyme），

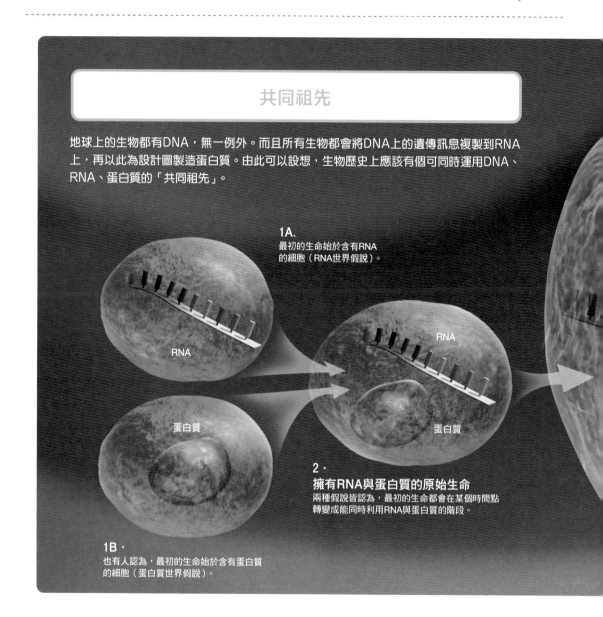

共同祖先

地球上的生物都有DNA，無一例外。而且所有生物都會將DNA上的遺傳訊息複製到RNA上，再以此為設計圖製造蛋白質。由此可以設想，生物歷史上應該有個可同時運用DNA、RNA、蛋白質的「共同祖先」。

1A.
最初的生命始於含有RNA
的細胞（RNA世界假說）。

RNA

蛋白質

RNA

蛋白質

2.
擁有RNA與蛋白質的原始生命
兩種假說皆認為，最初的生命都會在某個時間點
轉變成能同時利用RNA與蛋白質的階段。

1B.
也有人認為，最初的生命始於含有蛋白質
的細胞（蛋白質世界假說）。

於是哈佛大學的吉爾伯特（Walter Gilbert，1932～）博士提出了「RNA世界假說」，認為最初的生命始於含有RNA的細胞。這個假說尚未獲證實，不過許多學者皆認為，最初的生命在某個時間點演化成兼具蛋白質與RNA的生命，後來再演化成以DNA作為遺傳物質的所有生命之「共同祖先」。

　　比較每種生物都擁有的蛋白質胺基酸序列，會發現親緣關係較近的生物，序列較為相似；親緣關係較遠的生物，序列則有很大的差異。藉由這樣的比較過程，可將各生物間的親緣關係畫成一棵樹木般的圖形，即「分子系統樹」。這個分子系統樹的根部，設想為所有生物的共同祖先。也就是說，目前所有生活在地球上的生命，可能都是由共同祖先演化而來。

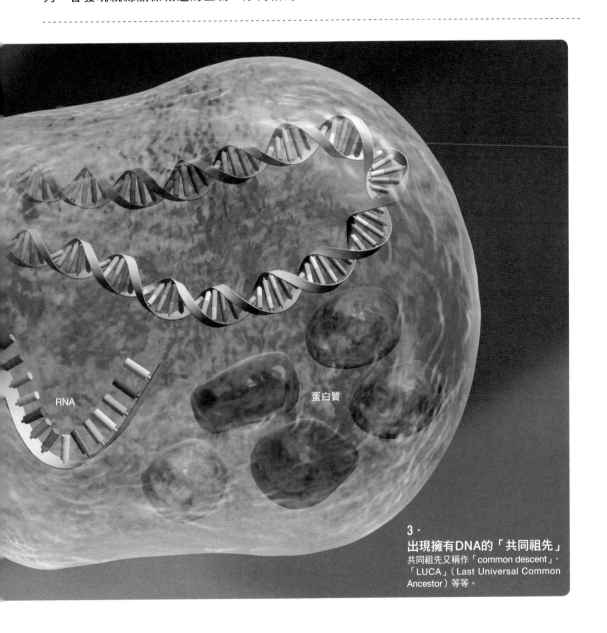

RNA

蛋白質

3・
出現擁有DNA的「共同祖先」
共同祖先又稱作「common descent」、
「LUCA」（Last Universal Common
Ancestor）等等。

光合作用能力優秀的藍菌

有人認為，在原始海洋中首先登場的生命，是以海中有機化合物為食的原始原核生物。這些生物可以透過發酵之類的機制分解有機化合物，並利用過程中產生的能量進行生命活動。

以有機化合物為食的生物逐漸增加後，原本在海洋中含量豐富的有機化合物陸續被分解，逐漸枯竭。生命必須尋找新的能量來源才行。

就在這時，海洋中出現了「光合細菌」（photosynthetic bacteria）。光合細菌可在細胞內行光合作用，自行生產可作為能量來源的有機化合物。在早期光合細菌的光合作用下，硫化氫與二氧化碳等原料合成有機化

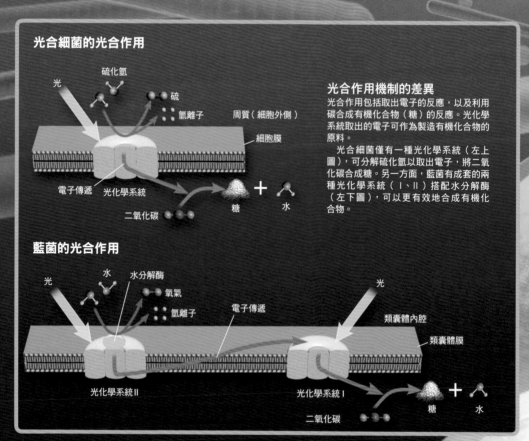

光合細菌的光合作用

光　硫化氫　硫　氫離子　周質（細胞外側）　細胞膜　電子傳遞　光化學系統　二氧化碳　糖　水

光合作用機制的差異

光合作用包括取出電子的反應，以及利用碳合成有機化合物（糖）的反應。光化學系統取出的電子可作為製造有機化合物的原料。

光合細菌僅有一種光化學系統（左上圖），可分解硫化氫以取出電子，將二氧化碳合成糖。另一方面，藍菌有成套的兩種光化學系統（Ⅰ、Ⅱ）搭配水分解酶（左下圖），可以更有效地合成有機化合物。

藍菌的光合作用

光　水　水分解酶　氧氣　氫離子　電子傳遞　類囊體內腔　類囊體膜　光　光化學系統Ⅱ　光化學系統Ⅰ　糖　水　二氧化碳

＊圖示的反應途徑已簡化。

合物（糖），並釋出硫。

　　距今27～21億年前，光合作用能力更優秀的「藍菌」（Cyanobacteria）出現在海洋中。藍菌的光合作用能以水與二氧化碳等原料合成有機化合物（糖），並釋出氧氣。這個反應可以說是地球上最有價值的化學反應。

要是沒有藍菌，或許之後地球上就不會出現無法自製有機化合物的生命，以及需要氧氣的生命。另外，現存之體內有葉綠體的陸生高等植物，其光合作用的方式與藍菌並無太大差別，所以一般認為藍菌是植物的祖先。

藻膽體
（收集光能）

類囊體內腔

類囊體膜
（行光合作用）

細胞膜

核糖體
（合成蛋白質）

DNA（遺傳訊息）

在海中浮游的藍菌

藍菌的種類很多，有些藍菌的細胞呈球形，一個個分散開來；有些藍菌則傾向線形，由多個細胞相連而成。只要照得到陽光，藍菌可在海中的任何地方生存繁衍。所以相較於以有機化合物為食的原核生物，以及行光合作用需要硫化氫的光合細菌，藍菌有著壓倒性的生存優勢。藍菌釋放出來的氧氣會先與海中的鐵離子結合，形成氧化鐵，隨著海中鐵離子含量逐漸下降、氧氣濃度逐漸上升，最後氧氣會擴散到大氣中。

細胞內共生學說

藉由吞入細菌
演化成動物或植物細胞

在 演化過程中，所有生物的共同祖先首先分成細菌（*Bacteria*，或稱真細菌）與古菌（*Archaea*）兩類。接著細菌演化出可行光合作用，產生氧氣的「藍菌門」細菌。藍菌持續繁衍演化，在數億年內使地球大氣的氧氣增加到20%。

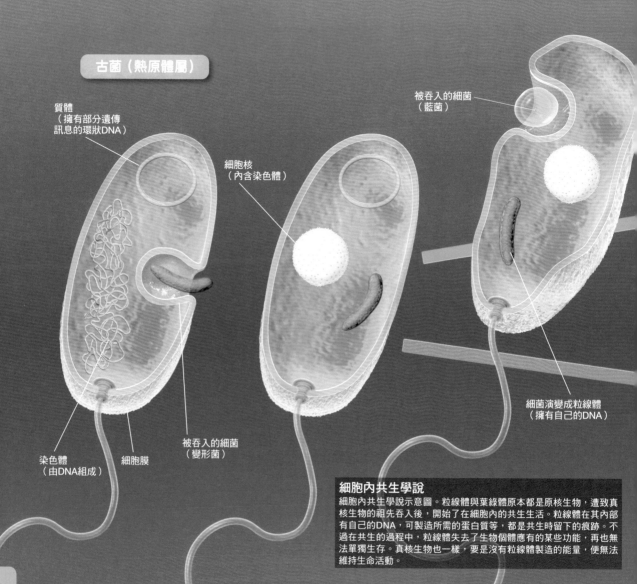

古菌（熱原體屬）

質體
（擁有部分遺傳訊息的環狀DNA）

細胞核
（內含染色體）

被吞入的細菌
（藍菌）

細菌演變成粒線體
（擁有自己的DNA）

染色體
（由DNA組成）

細胞膜

被吞入的細菌
（變形菌）

細胞內共生學說

細胞內共生學說示意圖。粒線體與葉綠體原本都是原核生物，遭致真核生物的祖先吞入後，開始了在細胞內的共生生活。粒線體在其內部有自己的DNA，可製造所需的蛋白質等，都是共生時留下的痕跡。不過在共生的過程中，粒線體失去了生物個體應有的某些功能，再也無法單獨生存。真核生物也一樣，要是沒有粒線體製造的能量，便無法維持生命活動。

1967年，美國生物學家馬古利斯（Lynn Margulis，1938～2011）發表「細胞內共生學說」（endosymbiotic theory），認為是距今20～10億年前，某個古菌吞入細菌後，演化出真核生物的細胞。

遭致吞入的細菌可以用氧氣分解有機化合物，藉此獲得能量。於是古菌便利用細菌進行有氧呼吸，提高產生能量的效率。而在古菌體內的細菌也可以獲得古菌提供的營養，兩者形成互利的「共生」關係。這種「生物」最後演化成動物細胞（真核細胞），而被吞入的細菌則變成細胞內負責產生能量的粒線體。

在這之後，某種細胞又吞入藍菌，可進行有氧呼吸與光合作用的生物於焉誕生。這種生物後來演化成植物細胞，而被吞入的藍菌則成為葉綠體。

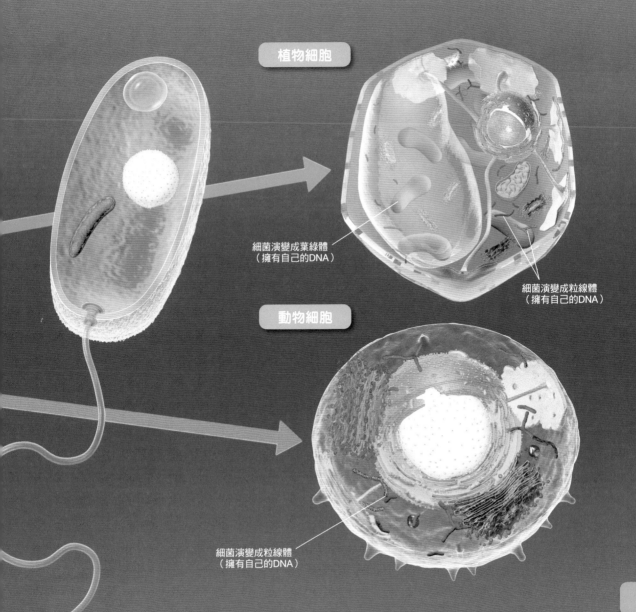

植物細胞

細菌演變成葉綠體
（擁有自己的DNA）

細菌演變成粒線體
（擁有自己的DNA）

動物細胞

細菌演變成粒線體
（擁有自己的DNA）

生命活動與細胞

多細胞生物維持生命的複雜機制

單 細胞生物的細胞本身就是一個生命。至於像人類這種由多個細胞聚集成個體的多細胞生物，各司其職的細胞除了要維持自身運作之外，還要彼此協調，才能達成個體內的平衡。

多細胞生物的細胞與個體內其他細胞之間的協調工作十分複雜。以下將以血糖（血液中的葡萄糖濃度）的恆定系統為例來作說明。

粒線體製造ATP作為生物的能量來源時，需要用到葡萄糖分子。血液可將葡萄糖運送至全身細胞。進食後，血液中的葡萄糖濃度上升，葡萄糖會流入胰臟（胰島，islets of Langerhans）的 β 細胞。然後 β 細胞會基於DNA中的資訊，合成一種名為「胰島素」（insulin）的激素，

再透過內質網與高基氏體分泌至細胞外。這些胰島素會順著血液流到肝臟與骨骼肌。

抵達肝臟的胰島素會與肝臟細胞之細胞膜上的受體結合。受體經過活化之後，會再活化肝臟細胞內的多種蛋白質，通知細胞核開始大量合成可以代謝葡萄糖的酶，或者是活化特定的酶，將眾多的葡萄糖連接起來組成肝糖

① 細胞核內保存的DNA（真核生物）

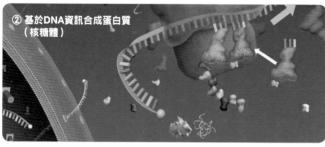

② 基於DNA資訊合成蛋白質（核糖體）

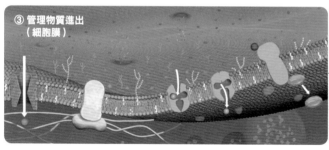

③ 管理物質進出（細胞膜）

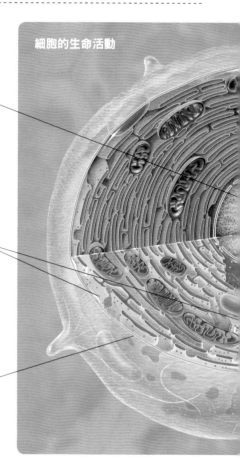

細胞的生命活動

（glycogen）。

骨骼肌產生的反應也和肝臟細胞類似，會將葡萄糖合成肝糖。另外，原本就埋有可抓取葡萄糖之載體的囊泡會與細胞膜融合，使細胞表面的葡萄糖載體增加，讓上升的血糖濃度儘快下降。

另一方面，進食一段時間或者是運動後，血糖濃度會越來越低，必須要補充葡萄糖才行。當血液中的葡萄糖濃度不足，胰臟的 α 細胞便會開始分泌一種名為「升糖素」（glucagon）的激素。升糖素可以和肝臟細胞之細胞膜上的受體結合，並傳遞訊號。於是肝臟細胞內的多種蛋白質將訊號接連傳遞下去，最後把貯藏的肝糖分解成葡萄糖，以提高血糖濃度。

就這樣，在胰臟、肝臟、骨骼肌等細胞的協調下，血糖濃度得以保持在一定範圍內。這種能讓體內環境維持穩定的性質，稱作「恆定性」（homeostasis）。

細胞是個「龐大」的化學系統

血糖只是多細胞生物複雜生命活動的其中一例。人類是由約270種、40兆個細胞組成的個體，需透過各種訊號彼此協調。製造這些訊號化學物質的細胞，主要分布於內分泌系統、神經系統、免疫系統的組織及器官中。多細胞生物為了維持細胞的生命活動，需要讓各個細胞在彼此的影響下保持一定平衡。

細胞大小僅0.01毫米左右，但已算是相當「龐大」的化學系統。平常我們不會意識到它們的運作，但細胞確實透過一系列的化學系統在控制生命活動。

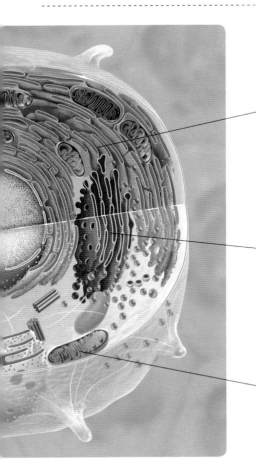

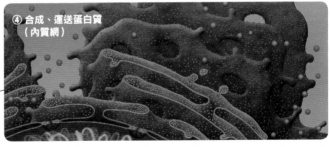

④ 合成、運送蛋白質
（內質網）

⑤ 運送蛋白質
（高基氏體）

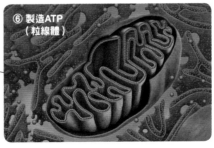

⑥ 製造ATP
（粒線體）

細胞的死亡方式有兩種

細胞遭致灼傷、撞傷等突發性強烈刺激時，會物理性地停止生命活動。這種由外因造成的細胞死亡，稱作「壞死」（necrosis）。細胞壞死時，細胞本體及粒線體等胞器會逐漸膨脹，致使細胞膜破裂而流出內容物。

另一方面，細胞有時會自行選擇死亡，稱作「凋亡」（apoptosis）。細胞凋亡時，細胞整體會萎縮，細胞核會變形、碎片化，將細胞內容物分成許多微小的袋狀結構，最後為負責清除廢物的「巨噬細胞」（macrophage）所吞噬。

在受精卵發育為成體的過程中，也會發生細胞凋亡。蝌蚪發育成青蛙時，尾巴消失就是細胞凋亡所造成的。另外，要是人體細胞的DNA受損嚴重以至於無法修復，也會進入凋亡的階段。

除上述兩種方式之外，近年研究還提出了「壞死性凋亡」（necroptosis）、「自噬」等細胞死亡方式。

凋亡異常造成的疾病

已知細胞凋亡出現異常時，會引發多種疾病。譬如「癌細胞」就是喪失細胞凋亡的能力，無法控制自身的增殖。另外，「自體免疫疾病※」（autoimmune disease）則是本來應該要死亡的自體反應性T細胞沒有凋亡，反而存活下來所造成的疾病。

※：免疫細胞失控，攻擊自身細胞的疾病。

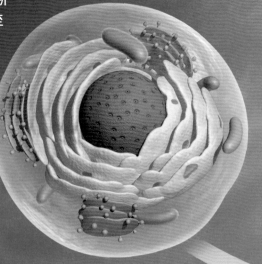

細胞的膨脹
除了細胞膜之外，粒線體等胞器也會膨脹。

壞死

正常細胞

凋亡

細胞縮小
細胞核變形、碎片化（→）
細胞整體縮小。細胞核內的DNA碎片化，細胞核也變形、碎片化。

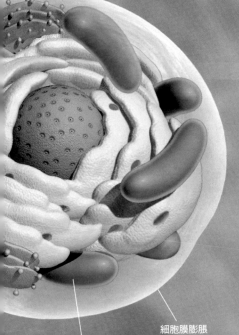

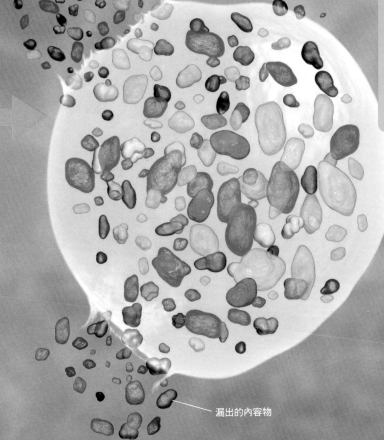

細胞膜破裂
細胞膜破裂，細胞內容物流出。

膨脹的粒線體

細胞膜膨脹

漏出的內容物

凋亡小體

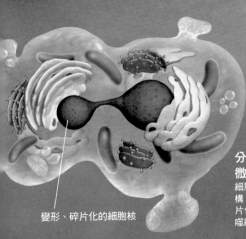

變形、碎片化的細胞核

**分成許多
微小袋狀結構**
細胞分成許多微小的袋狀結構（凋亡小體），包裹著碎片化的DNA與胞器。之後巨噬細胞會將其吞噬、分解。

分解細胞內廢物的系統

我們體內約有40兆個細胞。細胞每天都會製造許多維持生命所需的物質，但在製造的過程中，也會產生如老化蛋白質之類的「廢物」。如果這些廢物持續留在細胞內，就會降低細胞的工作效率，使我們無法維持自身健康。所以細胞內有一套系統在清除（回收）這些廢物。

細胞內的清理系統大致上可以分為兩種。其中一種是蛋白質專用的分解裝置「蛋白酶體」（proteasomes）。先以泛素（ubiquitin）標記出欲廢棄的蛋白質，再由蛋白酶體清除擁有這個標記的蛋白質。

而與之相對地，「自噬作用」（autophagy）則會隨機性地「吃掉」細胞內的廢物，以保持環境整潔。英文autophagy即吞噬（-phagy）自己（auto-）的意思。自噬系統中，細胞內會製造特殊的隔離膜，包裹住直徑0.001毫米左右的範圍。膜所包住的東西會逐漸分解，之後回收再利用（右圖）。

饑餓時就吃掉自己

自噬作用不只是清除廢物的機制。當細胞由於某些原因無法從外界獲得養分時，就會分解自身以獲得營養素，所以自噬也有自給自足的功能。

舉例來說，生命誕生時，精子與卵子相會形成受精卵，之後迅速地分裂成長。在於子宮著床前，受精卵都無法從母體獲得養分，只能自行準備成長所需的材料。因此細胞會進行自噬作用，分解自身多餘的東西，以達到自給自足的目的。事實上，要是受精卵失去自噬功能，就沒辦法正常發育。

逐漸明朗的「自噬疾病」

WDR45是一個與自噬作用有

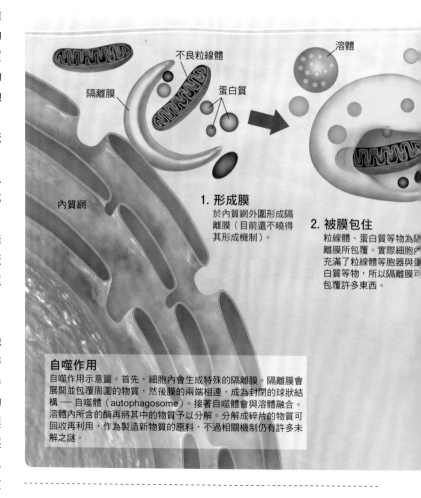

溶體

不良粒線體

隔離膜

蛋白質

內質網

1. 形成膜
於內質網外圍形成隔離膜（目前還不曉得其形成機制）。

2. 被膜包住
粒線體、蛋白質等物為隔離膜所包覆。實際細胞內充滿了粒線體等胞器與蛋白質等物，所以隔離膜會包覆許多東西。

自噬作用
自噬作用示意圖。首先，細胞內會生成特殊的隔離膜。隔離膜會展開並包覆周圍的物質，然後膜的兩端相連，成為封閉的球狀結構——自噬體（autophagosome）。接著自噬體會與溶體融合。溶體內所含的酶再將其中的物質予以分解。分解成碎片的物質可回收再利用，作為製造新物質的原料，不過相關機制仍有許多未解之謎。

細胞膜

細胞內部

體

分解蛋白質的酶

自噬體

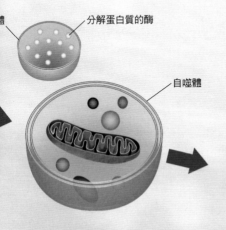

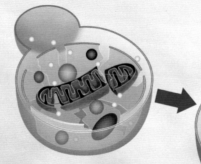

3. 被膜完全包覆

粒線體、蛋白質等物為隔離膜完全包覆，
形成球狀的「自噬體」。接著，在細胞內
漂游的「溶體」會靠近自噬體。溶體內含
有可分解蛋白質等物的酶。另外，植物細
胞中的液胞就相當於溶體。

4. 與溶體融合

溶體（或液胞）與自噬體融合。溶
體內的酶進入自噬體內後，會開始
分解粒線體、蛋白質等物。

5. 分解成碎片

回收再利用碎片化的部件，作
為細胞內製造新物質的材料。

關的基因。2013年，研究人員發
現WDR45的異常會造成一種名
為「SENDA」的疾病。患者腦
內會累積許多鐵，引起神經變性
疾病，造成重度智能及運動方面
的障礙。

事實上，近年來也發現自噬作
用有某種程度的選擇性。細胞自

噬時會先圈出一個很大的範圍，
這時還不會分辨要吞噬的對象。
不過當隔離膜接觸到範圍內的東
西時，就會去辨認哪些是「不良
品」並積極吞噬它們。

名為「鐵蛋白」（ferritin）的
含鐵蛋白質，是隔離膜經常吞噬
的物質之一。一般認為，細胞是

為了要回收再利用其中的鐵質，
才會積極吞噬鐵蛋白。

SENDA患者腦內之所以會累
積過多的鐵，推測是因為細胞失
去了自噬功能，無法回收利用鐵
質所致。不過，目前還不曉得自
噬功能異常是否即為造成疾病的
主因，得留待後續研究。

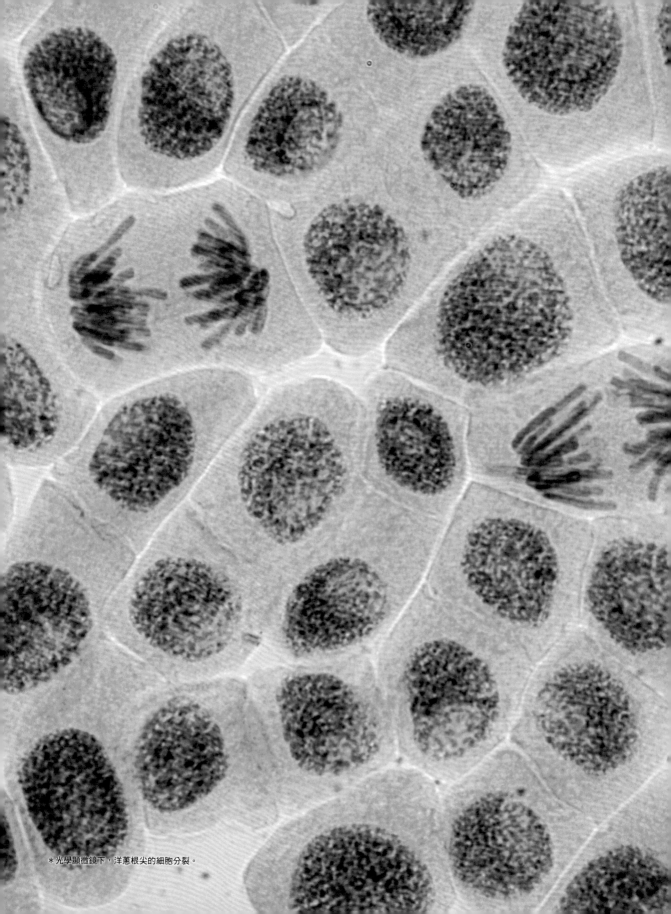

＊光學顯微鏡下，洋蔥根尖的細胞分裂。

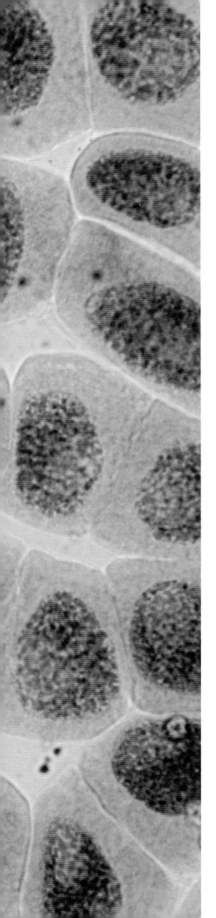

2

細 胞 分 裂 與 遺 傳

Cell division and Heredity

DNA／基因／染色體

我們的體內約有10萬種蛋白質。譬如肌肉就是由肌動蛋白（actin）和肌凝蛋白（myosin）構成肌纖維、讓肌肉運動。另外，像是調節體溫、血糖濃度、鹽類濃度、成長情況等的「激素」，以及促進體內各種化學反應（譬如消化食物）的「酶」，大多屬於蛋白質。

我們體內所有細胞的細胞核中，都含有「DNA」（去氧核糖核酸）。DNA中描述蛋白質製作方式以及指示製作蛋白質時機的部分，就是所謂的「基因」。

在細胞分裂期間與非分裂期間，DNA的樣貌完全不同。在細胞開始分裂前，DNA就像是鬆開的繩鏈一樣；開始細胞分裂後，DNA會凝聚在一起，變成多條棒狀物體。這種棒狀物體就叫作「染色體」。人類每個細胞都擁有46條染色體。

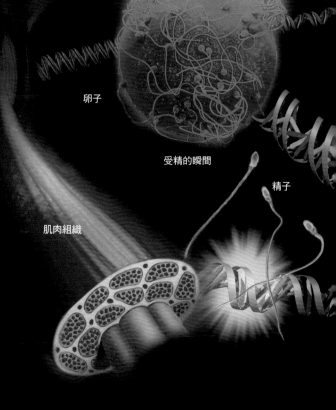

卵子

受精的瞬間

精子

肌肉組織

基因是所有蛋白質的設計圖

體內有許多功能各異的蛋白質。DNA（基因）就像「設計圖」一樣，記錄著蛋白質的製造方式與指示製造的時機。另外，細胞分裂時，DNA會凝聚在一起，形成染色體。

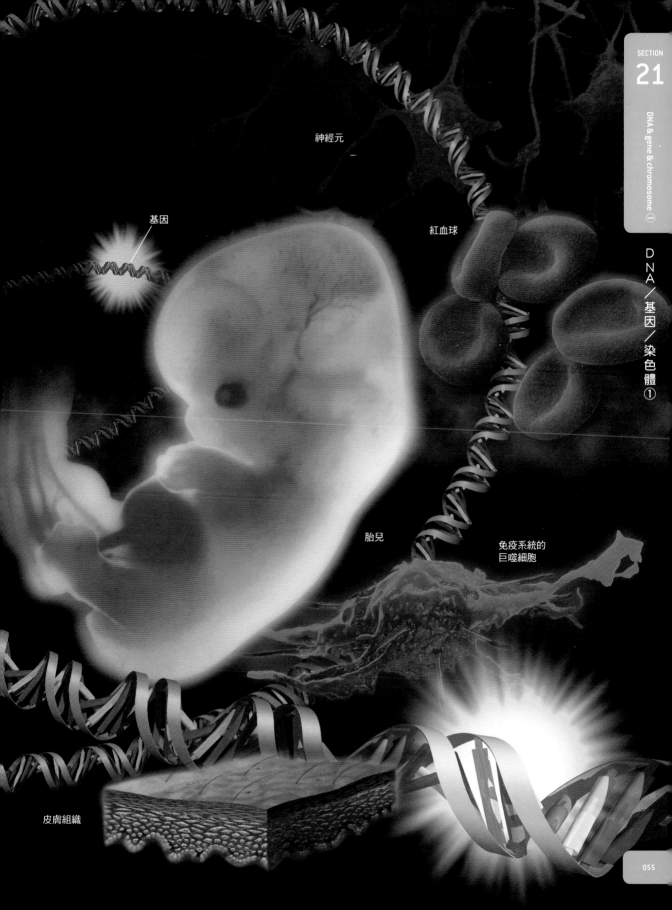

基因

神經元

紅血球

胎兒

免疫系統的
巨噬細胞

皮膚組織

DNA／基因／染色體②

成對的２條DNA
纏繞成螺旋狀

細胞核內的DNA纏繞在名為「組織蛋白」（histones）的蛋白質上。DNA與組織蛋白的複合體其名叫作「核小體」（nucleosome）。DNA纏繞在一個個組織蛋白上，形成項鍊般的結構，名為「染色質」（chromatin）。當染色質進一步凝聚在一

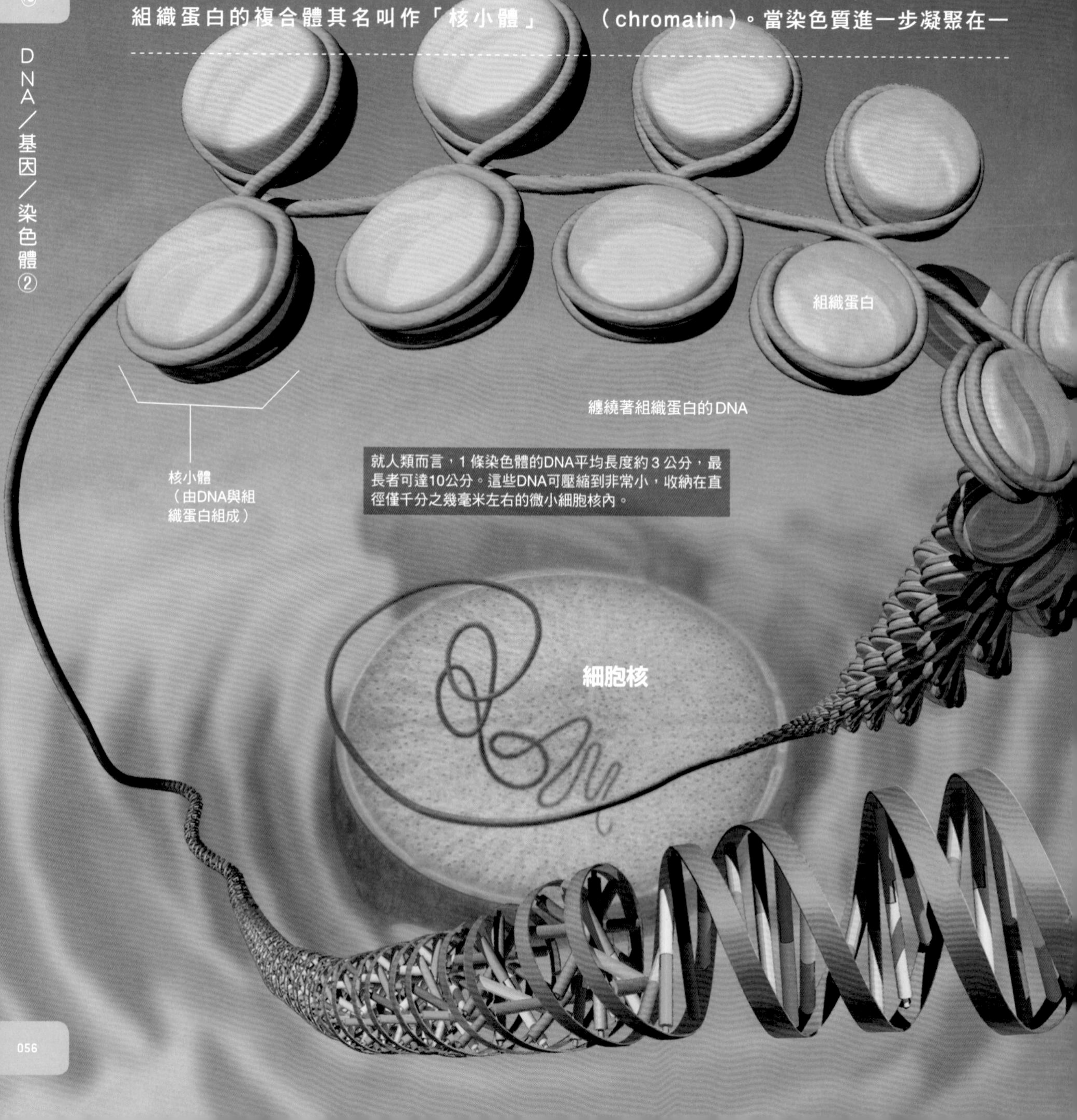

組織蛋白

纏繞著組織蛋白的DNA

核小體
（由DNA與組織蛋白組成）

就人類而言，1 條染色體的DNA平均長度約 3 公分，最長者可達10公分。這些DNA可壓縮到非常小，收納在直徑僅千分之幾毫米左右的微小細胞核內。

細胞核

起，就會變成染色體。DNA凝聚成染色體後，其長度比起凝聚前的狀態縮小了至少1萬倍。

DNA是由基本單位「核苷酸」（nucleotide）連接而成的鏈狀分子。核苷酸是由糖、磷酸、鹼基連接而成的化學物質。鹼基包括腺嘌呤（adenine，A）、胸腺嘧啶（thymine，T）、鳥嘌呤（guanine，G）、胞嘧啶（cytosine，

C）。這4種鹼基的排列方式代表了蛋白質的「設計圖」資訊。另外，鹼基之間的配對適性各有不同，A可與T配對、G可與C配對。所以當成對的鹼基配對成功時，就會有2條方向相反的DNA形成雙螺旋結構。

壓縮後的DNA（←）

DNA纏繞在組織蛋白上，形成核小體。多個核小體可串連成染色質，形成如項鍊般的結構。細胞分裂時，細胞核內的染色質會強力地凝聚在一起，形成染色體。

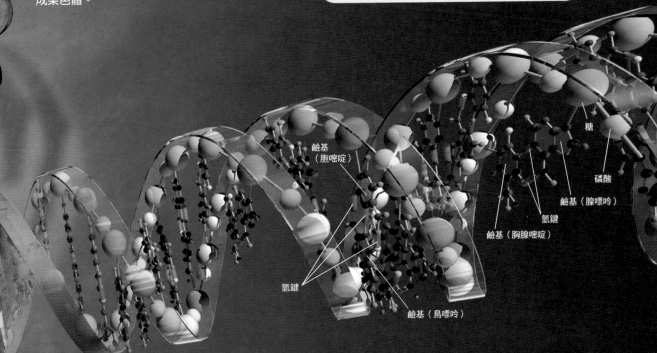

鹼基的配對

腺嘌呤　胸腺嘧啶

A－T

氫鍵

鳥嘌呤　胞嘧啶

G－C

糖

磷酸

鹼基（胞嘧啶）

鹼基（腺嘌呤）

氫鍵

鹼基（胸腺嘧啶）

氫鍵

鹼基（鳥嘌呤）

經兩階段製造出來的蛋白質

細胞會以細胞核內的DNA（基因）為藍圖，合成各種維持生命所需的蛋白質。

製造蛋白質時，須先將DNA上的資訊複製到「RNA」（核糖核酸）上，合成出來的RNA叫作「信使RNA」（mRNA），會從核孔離開細胞核。這個過程叫作「轉錄」（transcription）。

離開細胞核的mRNA會與蛋白質的製造工廠「核糖體」結合。核糖體會以每3個鹼基為單位，逐步讀取mRNA上的鹼基序列。而每3個鹼基可對應到20種胺基酸的其中一種。於是，核糖體將一個個胺基酸像佛珠般串連起來，製成蛋白質（肽，peptide）。這種以mRNA的遺傳訊息製造蛋白質的過程，稱作「轉譯」（translation）。

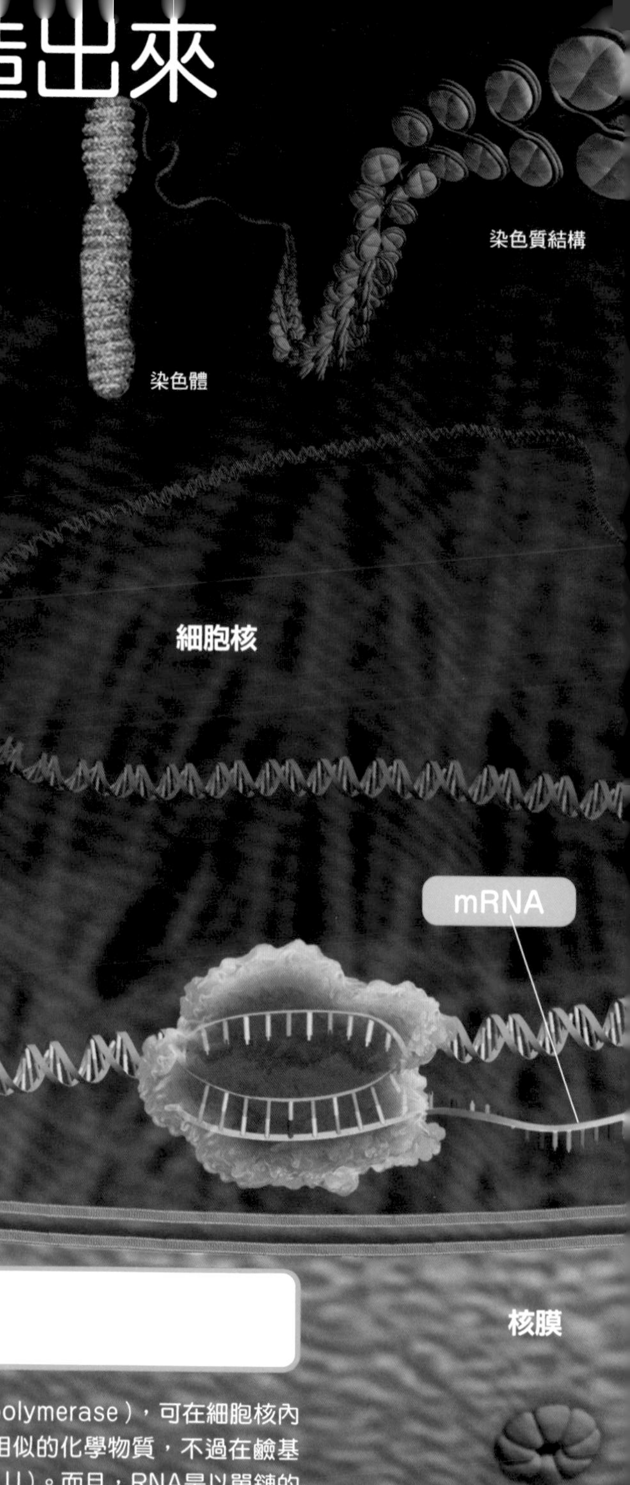

染色質結構

染色體

細胞核

mRNA

複製DNA

DNA是製造蛋白質的必要物質。透過RNA聚合酶（polymerase），可在細胞核內製造與DNA資訊相仿的RNA。RNA是與DNA非常相似的化學物質，不過在鹼基「胸腺嘧啶（T）」的部分換成了「尿嘧啶」（uracil，U）。而且，RNA是以單鏈的形式存在，並非雙螺旋結構。複製出來的RNA稱作信使RNA（mRNA）。

離開細胞核的mRNA會與核糖體結合。核糖體會依照mRNA上的資訊連接胺基

核膜

DNA

RNA聚合酶

蛋白質

蛋白質

核糖體

胺基酸

像佛珠般串連在
一起的胺基酸

蛋白質

核糖體可將mRNA與另一種RNA「轉移RNA」
（tRNA）連接起來。tRNA會對應mRNA之3個
鹼基的胺基酸送至核糖體。核糖體再將tRNA送來
的胺基酸與製造中的蛋白質相連。

鹼基包含生物所有的必要資訊

你有沒有聽過「基因體」（genome）這個詞？此乃德國植物學家溫克勒（Hans Winkler，1877～1945）於1920年將基因（gene）與染色體（chromosome）組合而成的詞，指稱「一整套」的生物必要資訊。以人類為例，人類生殖細胞（精子或卵子）內的23條染色體，就包含了傳承給下一代的所有資訊，共約30億個鹼基[※]。

人類的基因體究竟包含多少資訊量呢？若將4種鹼基轉換成數位資料，1個鹼基（A、T、G、C中任一個）就相當於2個位元（00、01、10、11中任一個）的資訊量。1個位元是資訊量的最小單位（0或1），通常以8個位元為「1個位元組」。也就是說，人類基因體的資訊量為「約30億個鹼基×2位元÷8＝約750百萬位元組（MB）」，相當於1張音樂CD的資訊量，用1張智慧型手機或數位相機的SD卡來儲存已綽綽有餘。

※：1個人類的體細胞包含來自父方與母方的染色體，共2套46條（23條×2套），資訊量為60億個鹼基。為與生殖細胞的基因體有所區別，有時會稱其為「體細胞基因體」。

- -

僅占整體2%的「設計圖」

基因散落在30億個鹼基的各處。基因中最具代表性的部分是「蛋白質的設計資訊」，僅占整體的2%而已。剩下部分約80%含有「調節用」的RNA資訊，用於DNA製造蛋白質的過程。

若將4種鹼基轉換成數位資料，1個鹼基（A、T、G、C中任一個）就相當於2個位元（00、01、10、11中任一個）的資訊量。

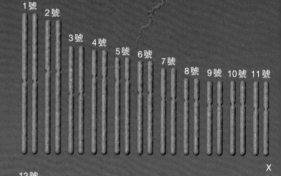

46條染色體
人類染色體可分為編號1～22的「體染色體」，以及X、Y這2種「性染色體」。性染色體X、Y各繼承1個的為男性，繼承2個X的則為女性。

解開染色體的話可以看到DNA。

1號 2號 3號 4號 5號 6號 7號 8號 9號 10號 11號

12號 13號 14號 15號 16號 17號 18號 19號 20號 21號 22號 X Y

各細胞核內的遺傳訊息，在細胞分裂時會凝聚成染色體。

皮膚細胞　血液細胞

神經元（神經細

容量1GB（≒1000 MB）的SD卡

DNA

DNA大致上可分為兩個部分：外圍螺旋狀的2條鏈（粉色帶狀的部分），以及中間兩兩成對的4種鹼基（紅、藍、綠、黃色圓柱的部分）。鹼基對固定為「A配T」、「G配C」，所以其中一條鏈的鹼基序列與另一條鏈的鹼基序列實際上擁有相同的資訊。

4種鹼基
（代表遺傳訊息的「字母」）

ATCGAATGGCTACCTAATAGCGGATAGCCGCTGTAATAGC
TGCTGATTCGCTACTACCGTAGCATCGAATGGCTACCTAA
GCGGATAGCCGCTGTAATAGCTGCTGATTCGCTACTACCG
TAGCATCGAATGGCTACCTAATAGCGGATAGCCGCTGTAA
TAGCTGCTGATTCGCTACTACCGTAGCATCGAATGGCTAC
CTAATAGCGGATAGCCGCTGTAATAGCTGCTGATTCGCTA
CTACCGTAGCATCGAATGGCTACCTAATAGCGGATAGCCG
CTGTAATAGCTGCTGATTCGCTACTACCGTAGCATCGAAT
GGCTACCTAATAGCGGATAGCCGCTGTAATAGCTGCTGAT
TCGCTACTACCGTAGCATCGAATGGCTACTAATAGCGGA
TAGCCGCTGTAATAGCTGCTGATTCGCTACTACCGTAGCA
TCGAATGGCTACCTAATAGCGGATAGCCGCTGTAATAGCT
GCTGATTCGCTACTACCGTAGCATCGAATGGCTACCTAAT
AGCGGATAGCCGCTGTAATAGCTGCTGATTCGCTACTACC
GTAGCATCGAATGGCTACCTAATAGCGGATAGCCGCTGTA
ATAGCTGCTGATTCGCTACTACCGTAGCATCGAATGGCTA
CCTAATAGCGGATAGCCGCTGTAATAGCTGCTGATTCGCT
ACTACCGTAGCATCGAATGGCTACCTAATAGCGGATAGCC
GCTGTAATAGCTGCTGATTCGCTACTACCGTAGCATCGAA
TGGCTACCTAATAGCGGATAGCCGCTGTAATAGCTGCTGA

300 公尺

基因體的資訊量

原則上，體內所有細胞的細胞核都擁有相同的基因體。若將這30億個鹼基以字母的形式寫在厚度0.1毫米的A4紙上，且每張紙都寫滿1000個字母，那麼所需的紙張疊起來將厚達300公尺。若將這些資訊轉換成數位資料，則大約是750 MB。

A → 00
T → 01
G → 10
C → 11

什麼是基因體

基因體是指一整套的生物必要遺傳訊息。就臉型、體格、眼睛、頭髮、膚色等身體特徵來說，受「先天條件」的影響比「後天發育」來得多。這是因為，構成身體之各種蛋白質的設計圖都記錄在基因體上。幾乎所有的身體特徵都與多個基因相關。另外，因個體所屬民族不同導致基因有所差異的情況也不少。

DNA複製錯誤
造成的「突變」

當1個細胞要分裂成2個時，細胞會先將自己的DNA複製成2份，再平分給2個細胞。親代之所以可將自身的基因、性狀原封不動地遺傳給子代，就是因為細胞能正確複製DNA。

不過在複製DNA的過程中有時候會出錯。

1. 複製前的 DNA
每個鹼基都遵循著A配T、C配G的規則彼此配對。

2. 出現複製錯誤
原本纏繞在一起的2條鏈鬆開，分別與「DNA聚合酶」結合，開始製造相應的新DNA鏈（DNA複製）。此時，會依照A配T、C配G的規則合成鹼基序列，但在極少的情況下會出現複製錯誤。

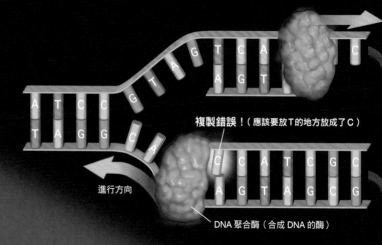

複製錯誤！（應該要放T的地方放成了C）

進行方向

DNA 聚合酶（合成 DNA 的酶）

DNA複製錯誤的過程

細胞在開始分裂之前，會先複製自身的DNA。複製過程中可能會出錯，不過基本上都會被修復；然而在極少數情況下，會產生鹼基序列有所變化的DNA。如果錯誤發生在未來會成為精子的細胞，將使子代擁有不同於親代的基因。

在大多數情況下，這些錯誤得以修正；但在極少數情況下，沒修復到的錯誤會殘留下來，產生鹼基序列有所變化的（擁有新序列的）DNA。如果這種「複製錯誤」發生在未來會成為精子的細胞上，之後就會分化出基因與親代細胞不同的精子。若該精子與卵子結合，與親代不同的基因就會傳給子代。

這種因某些緣故使DNA序列出現變化的現象，稱作「突變」（mutation）。突變有時是造成疾病的原因，卻也是使基因多樣化（有助於生物演化）的重要原因。另外，紫外線與放射線也可能會造成突變。

各種突變（i～vi）

DNA鹼基的突變也包括了染色體層次上的大規模異常變化，包括遺失（i）、重複（ii）、逆位（iii）等。此外，除了右方所示的「單一鹼基置換」（iv）之外，還包括插入（v）、遺失（vi）等。

i. 遺失　　ii. 重複　　iii. 逆位

原本的鹼基序列

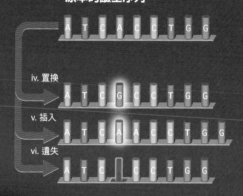

iv. 置換

v. 插入

vi. 遺失

3. 形成序列不同的DNA

出現複製錯誤後，如果修復功能沒有發揮作用的話，就會出現擁有新序列的DNA（圖下半）。

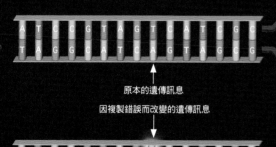

原本的遺傳訊息

因複製錯誤而改變的遺傳訊息

4. 傳給下一個世代

未獲修復的複製錯誤在下一次複製時保留下來，傳給下一個世代。

因複製錯誤而改變的遺傳訊息

即使DNA受損，仍可由「替補選手」正確複製

DNA常因為太陽光紫外線等原因受損。譬如當相鄰的兩個胸腺嘧啶（T）彼此相連，這個部分就會往外凸出。如此一來，DNA的複製裝置「DNA聚合酶」就沒辦法正確讀取這些鹼基，也沒辦法在複製過程中為DNA加上新的核苷酸。這時候，就輪到即使DNA受損也能正確完成複製工作的DNA聚合酶登場了。

譬如號稱「損傷修復專用」的「DNA聚合酶 η」可以正確讀取相連的兩個鹼基，正確合成對應的鹼基。不過，DNA聚合酶 η 整體的複製能力（合成正確率）相對較低，而且一次只能合成數個鹼基。

人類的DNA聚合酶有近20種，各有擅長處理的DNA損傷。在各種DNA聚合酶的合作之下，才能完成DNA的複製。

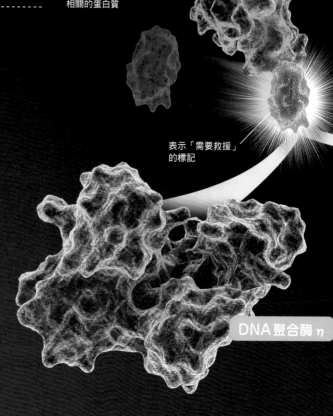

PCNA
與DNA聚合酶之替換相關的蛋白質

表示「需要救援」的標記

DNA 聚合酶 η

1. 因損傷而停止複製

受損DNA的複製過程示意圖（螺旋狀箭頭表示DNA的複製方向）。DNA受損時，DNA聚合酶便無法繼續前進，導致複製過程暫停。另外，DNA的損傷除了相鄰的兩個胸腺嘧啶彼此相連之外，還包括鳥嘌呤、腺嘌呤、胞嘧啶的氮原子等被換成氧原子，以及腺嘌呤、胸腺嘧啶的骨架受損等等（參考右頁上方「DNA的損傷（例）」）。

2. 換上「替補選手」

DNA複製裝置的後方，有一個環狀蛋白質（PCNA：綠色）被DNA聚合酶拉著走。DNA聚合酶停止運作時，該蛋白質會與「標記」結合（淺藍色）。接著DNA聚合酶 η 被這個標記吸引過來，取代停止運作的DNA聚合酶。

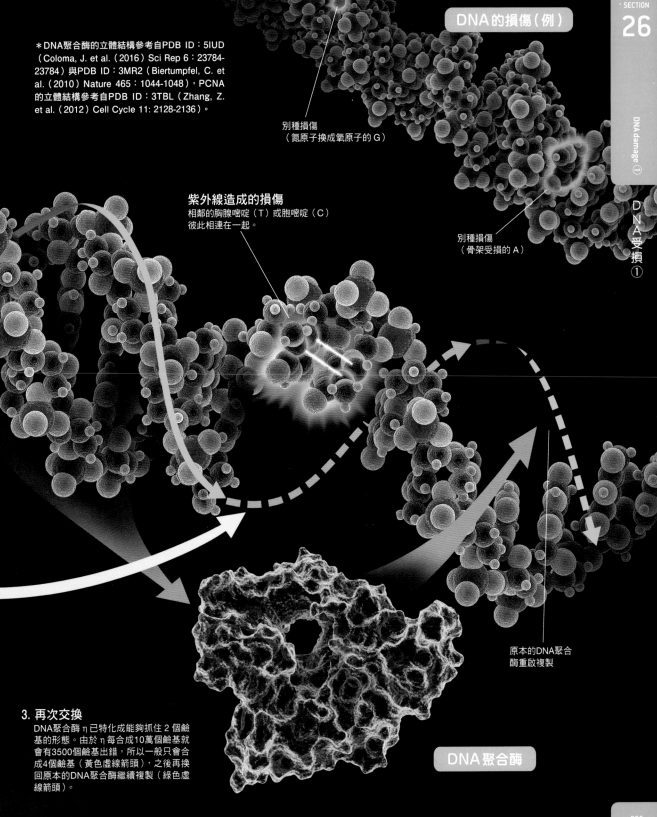

DNA的損傷（例）

＊DNA聚合酶的立體結構參考自PDB ID：5IUD
（Coloma, J. et al.（2016）Sci Rep 6：23784-
23784）與PDB ID：3MR2（Biertumpfel, C. et
al.（2010）Nature 465：1044-1048），PCNA
的立體結構參考自PDB ID：3TBL（Zhang, Z.
et al.（2012）Cell Cycle 11: 2128-2136）。

別種損傷
（氮原子換成氧原子的 G）

別種損傷
（骨架受損的 A）

紫外線造成的損傷
相鄰的胸腺嘧啶（T）或胞嘧啶（C）
彼此相連在一起。

原本的DNA聚合
酶重啟複製

3. 再次交換
DNA聚合酶 η 已特化成能夠抓住 2 個鹼
基的形態。由於 η 每合成10萬個鹼基就
會有3500個鹼基出錯，所以一般只會合
成4個鹼基（黃色虛線箭頭），之後再換
回原本的DNA聚合酶繼續複製（綠色虛
線箭頭）。

DNA 聚合酶

利用無損的螺旋修復受損的螺旋

人類細胞中，每套DNA鏈上約有1000～1萬個缺口，這會成為複製時的障礙。DNA複製時需形成Y型結構（複製叉），但有缺口的DNA鏈其Y型結構會崩壞，導致複製過程中斷。

此時，複製中的2組雙螺旋會啟動「重組」的配對機制。利用無損的雙鏈DNA來修復受損的DNA鏈，使Y型結構復活，重啟DNA複製。當前頁提到的「救援」過程不順時，也會用這種方法修復DNA。

要是重組DNA的修復功能無法正常運作，那麼DNA就會一直維持受損狀態，導致細胞癌化。譬如與重組相關的基因BRCA1／2異常，就是造成遺傳性乳癌或卵巢癌的原因之一。

修復機制

跨頁圖上半（A1～A4）所示為有缺口的DNA單鏈透過重組，在複製過程中修復的情況。下半（B1～B4）所示為雙鏈都被切斷的DNA透過重組修復的情形。這兩種重組都發生在2組雙螺旋DNA之間。無損的雙鏈會先解開，然後與受損雙鏈中的單鏈結合，修復受損部分。

A1. 複製中斷

設想有個DNA鏈單邊有缺口。當複製進展到缺口時，從缺口所在的單鏈複製出來的雙鏈就會脫落（Y型結構崩壞，使複製中斷）。

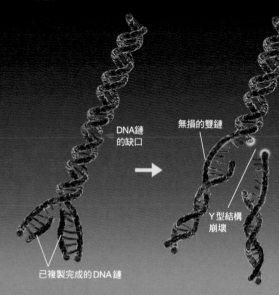

DNA鏈的缺口

無損的雙鏈

已複製完成的DNA鏈

Y型結構崩壞

**B1.
雙鏈皆斷的情況與重組**

設想有個因放射線造成雙鏈皆斷的DNA。此時旁邊無損的雙鏈會鬆開，使斷裂雙鏈中的單鏈可以插入配對，形成重組結構。

無損的雙鏈

雙鏈皆斷

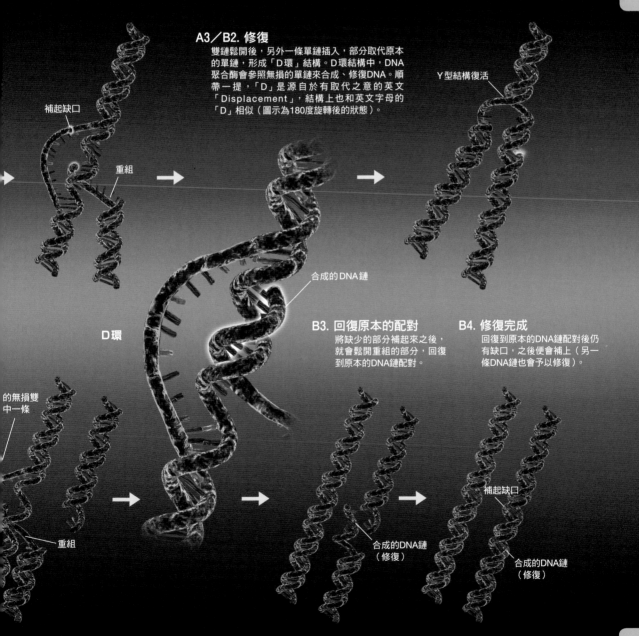

A2. 重組
缺口會先暫時補起來,接著無損的雙鏈鬆開,使缺口所在的單鏈可以插入配對,形成重組結構。

A4. 回復原本的配對,重啟複製
合成到原本的缺口位置時,會回復到原本的DNA鏈配對,使Y型結構復活(重啟DNA複製)。

A3/B2. 修復
雙鏈鬆開後,另外一條單鏈插入,部分取代原本的單鏈,形成「D環」結構。D環結構中,DNA聚合酶會參照無損的單鏈來合成、修復DNA。順帶一提,「D」是源自於有取代之意的英文「Displacement」,結構上也和英文字母的「D」相似(圖示為180度旋轉後的狀態)。

補起缺口

重組

Y型結構復活

合成的DNA鏈

D環

B3. 回復原本的配對
將缺少的部分補起來之後,就會鬆開重組的部分,回復到原本的DNA鏈配對。

B4. 修復完成
回復到原本的DNA鏈配對後仍有缺口,之後便會補上(另一條DNA鏈也會予以修復)。

的無損雙中一條

重組

合成的DNA鏈(修復)

補起缺口

合成的DNA鏈(修復)

體內細胞常進行的分裂過程

體內細胞日常性的分裂，稱作「體細胞分裂」（somatic cell division）。譬如我們的指甲、頭髮會變長，就是體細胞分裂的一個代表性例子。另外，以手術切掉部分肝臟後，肝細胞會自行再生。這也是因為切除肝臟後造成的環境變化，使周圍的細胞分裂活動活躍了起來。

細胞會感應周圍的營養是否充足、周圍細胞是否擁擠等等，必要時就會進入細胞分裂的循環（分裂週期）。胞器中，細胞核與高基氏體等會先分解成小顆粒（囊泡），待分裂成兩個細胞後再重新建構。

人類等各種動物的細胞，分裂時大多會變成圓球狀。不管是體內的細胞，還是實驗室所培養的細胞，在分裂之際都會變成圓球狀，把周圍的細胞往旁推擠。也有研究人員認為，細胞之所以會變成圓球狀，其中一個原因是為了形成「收縮環」，有助於細胞分裂成雙。

※：粒線體與葉綠體擁有自己的DNA，多數情況下會自行分裂，不會跟著細胞一起分裂。

- -

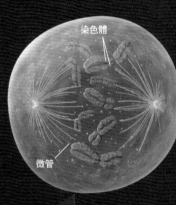

3.
微管伸長
（M期 前中期）

核膜已分解，故不可見。微管進一步伸長，部分微管開始往染色體凹陷處（著絲點）延伸。高基氏體等胞器分解成小顆粒。

染色體

微管

清楚可見的染色體

2.
DNA凝聚
（M期 前期）

DNA開始凝聚。且中心體分別往兩側分開，其微管呈放射狀伸出。

G₂期

確認DNA複製是否結束的期間。

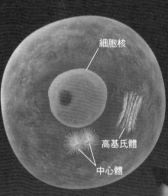

1.
遺傳訊息複製
（S期）→

帶有遺傳訊息的DNA在核內複製，且中心體複製成兩個。

細胞核

高基氏體

中心體

休止期（G₀期）

暫時不分裂的細胞狀態。體內細胞多半處於休止期。休止期的長短各有不同，從數天到一生都有可能。

右方為經常進行細胞分裂的代表性組織 — 小腸內壁。

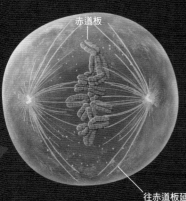

赤道板

4.
染色體排列
（M期 中期）

染色體會排列在細胞中間
（赤道板）。中心體的微
管進一步延伸，部分微管
連上染色體。

往赤道板延伸
的微管

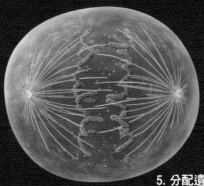

5. 分配遺傳訊息
（M期 後期）

成對的染色體一分為二，
分別往兩極移動。

體細胞分裂

體內細胞日常性的分裂，稱作體細胞分裂。細胞會感
應周圍的狀況，必要時就會進入分裂循環（細胞週
期）。此為細胞週期各階段變化的示意圖（細胞內部
已簡化）。圖中顯示細胞分裂後似乎就會各自分開，
但事實上仍留在原地。

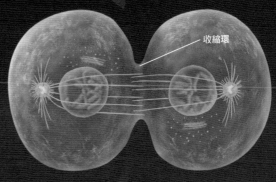

收縮環

6. 凹陷
（M期 終期）

染色體為核膜所包裹，細
胞膜出現凹陷（凹陷部分
的內側有收縮環）。

G₁期

確認細胞狀態與周圍環境是
否適合進行分裂的期間。

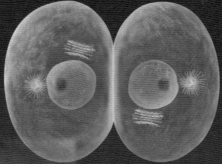

7. 分裂結束

分成兩個細胞。分開的細
胞會恢復成原來的形態，
加入周圍組織中。

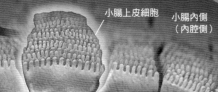

小腸上皮細胞

小腸內側
（內腔側）

一般來說，細胞週期以「G₁期」為起點，
這時細胞本身會確認是否已準備好複製
DNA（遺傳訊息）。接著是複製DNA的「S
期」，再來是確認複製是否完成的「G₂
期」。然後進入「M期」，將複製的DNA以
染色體形態進行分配、分裂。M期通常需要
30分鐘到1小時左右。

使細胞往內側凹陷的「收縮環」

體 細胞分裂中，M期的最後會產生一個很深的凹陷（前頁的6～7）。使其凹陷的裝置位於細胞內側，稱作「收縮環」（contractile ring），可將細胞「分割」成兩個。收縮環主要由大量的肌動蛋白纖維和肌凝蛋白纖維組成。

這些纖維細絲由肌動蛋白和肌凝蛋白構成，與肌肉收縮時會用到的蛋白質種類相同。肌肉中，這兩種蛋白質構成了穩定的肌原纖維結構，不過收縮環是一種不穩定、會動態變化的結構，最短者只有數分鐘的壽命而已。

收縮環的運作機制，就像許多人拉著彼此的手繞成一圈，然後每個人都試著把身邊人的手往自己的方向拉近，使整個圈圍縮小。肌凝蛋白纖維會把肌動蛋白纖維往自己的方向拉，產生張力。於是，透過其他蛋白質與肌動蛋白纖維相連的細胞膜，就會一起被拉向內側，使細胞產生凹陷（右跨頁圖）。

收縮環的機制

肌動蛋白纖維的其中一端會間接固定在細胞膜上。接著肌凝蛋白纖維會將肌動蛋白纖維拉向自己，產生往內縮的張力，使細胞膜跟著往細胞內側凹陷。

收縮環

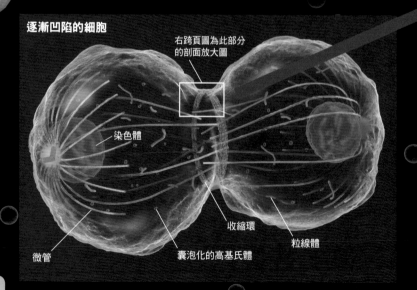

逐漸凹陷的細胞

右跨頁圖為此部分的剖面放大圖

染色體

微管

囊泡化的高基氏體

收縮環

粒線體

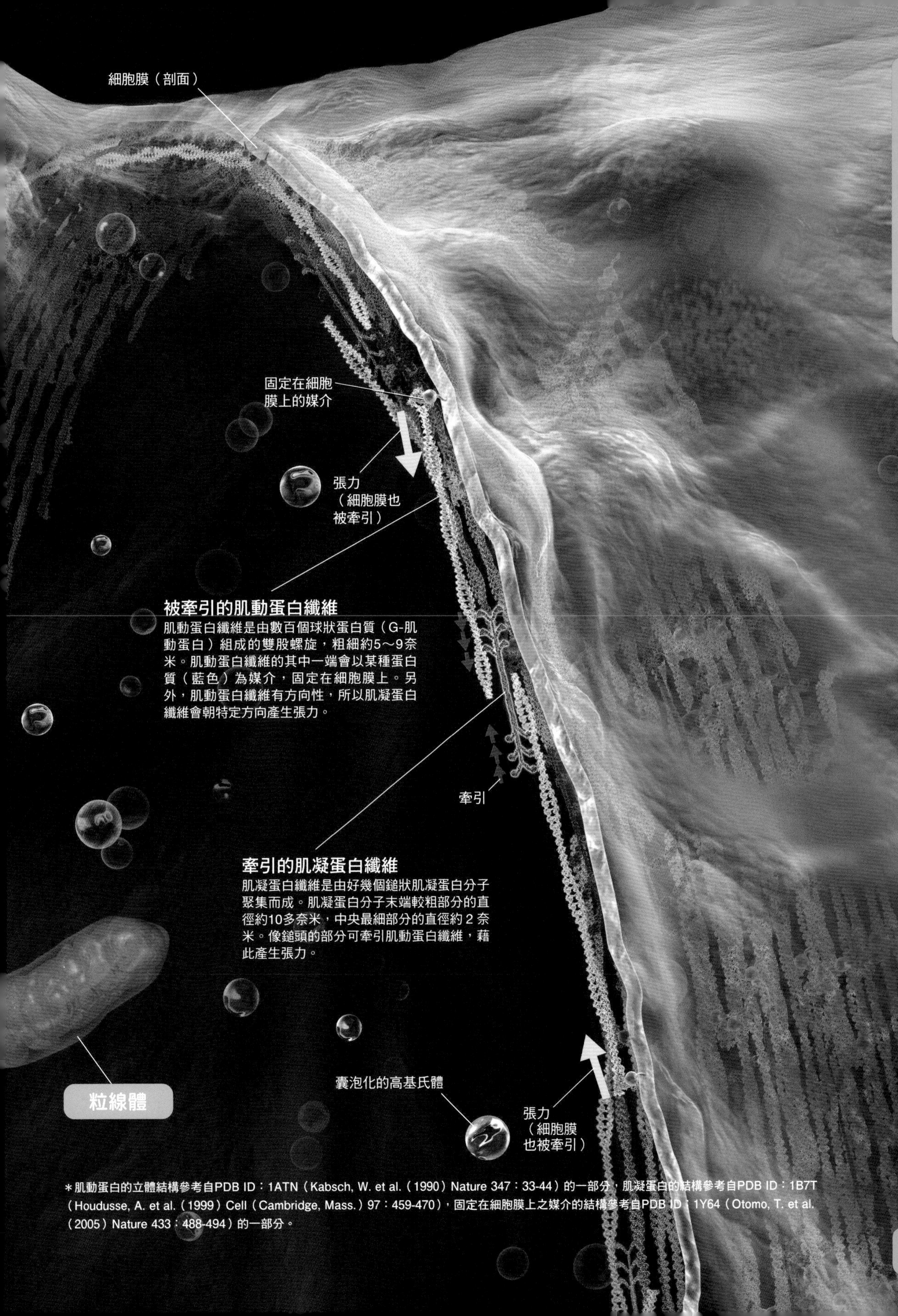

細胞膜（剖面）

固定在細胞
膜上的媒介

張力
（細胞膜也
被牽引）

被牽引的肌動蛋白纖維

肌動蛋白纖維是由數百個球狀蛋白質（G-肌動蛋白）組成的雙股螺旋，粗細約5～9奈米。肌動蛋白纖維的其中一端會以某種蛋白質（藍色）為媒介，固定在細胞膜上。另外，肌動蛋白纖維有方向性，所以肌凝蛋白纖維會朝特定方向產生張力。

牽引

牽引的肌凝蛋白纖維

肌凝蛋白纖維是由好幾個鎚狀肌凝蛋白分子聚集而成。肌凝蛋白分子末端較粗部分的直徑約10多奈米，中央最細部分的直徑約2奈米。像鎚頭的部分可牽引肌動蛋白纖維，藉此產生張力。

粒線體

囊泡化的高基氏體

張力
（細胞膜也被牽引）

*肌動蛋白的立體結構參考自PDB ID：1ATN（Kabsch, W. et al.（1990）Nature 347：33-44）的一部分，肌凝蛋白的結構參考自PDB ID：1B7T（Houdusse, A. et al.（1999）Cell（Cambridge, Mass.）97：459-470），固定在細胞膜上之媒介的結構參考自PDB ID：1Y64（Otomo, T. et al.（2005）Nature 433：488-494）的一部分。

細胞如何決定
分裂的位置

決 定細胞收縮環位置的是「紡錘體」
（spindle apparatus）。紡錘體是細胞
本體分裂前會出現的結構，位於細胞兩端（兩
極）的中心體會往染色體及細胞中央伸出微管
（microtubule），紡錘體便是由這些微管構
成。另外，「紡錘」是紡紗時使用的工具，紡錘
體中央膨大的外型與紡錘相似，故以此命名。

微管是由名為微管蛋白（tubulin）的蛋白質
規則排列而成的細長中空管狀結構，可支撐整
個細胞的形狀，屬於一種細胞骨架。紡錘體的
微管依其延伸方向與功能，名稱有所不同。從
中心體往四面八方伸出的微管叫作「星狀體微
管」（星體絲，astral fiber），拉動染色體的微
管叫作「著絲點微管」（著絲點絲，kinetochore
fiber），貫穿分裂面的微管叫作「中央紡錘體微
管」（極間絲）。部分星狀體微管自兩個中心體
分別伸出，形成一個籠狀結構，微管的末端位
於細胞分裂的凹陷處。

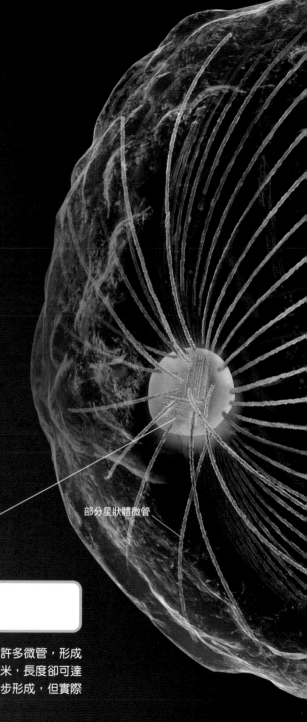

部分星狀體微管

伸出微管的中心體
中心體包含呈L型分布的2個「中心粒」（特殊微
管的集合），以及包裹著中心粒的球狀結構。微
管會從該球狀結構伸出，此時的中心體特稱作
「紡錘極」（spindle pole）。

細胞分裂面的決定機制

動物細胞形成收縮環的概略過程示意圖。中心體會伸出許多微管，形成
籠狀結構（圖中省略部分微管）。微管的直徑僅約25奈米，長度卻可達
數千奈米。另外，圖中收縮環是從分裂位置的上至下逐步形成，但實際
上整個分裂面的收縮環會同時形成。

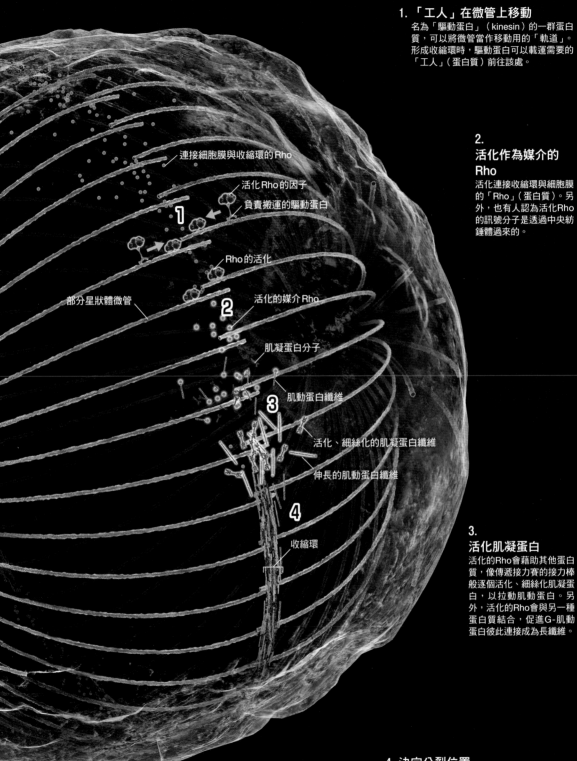

1. 「工人」在微管上移動

名為「驅動蛋白」（kinesin）的一群蛋白質，可以將微管當作移動用的「軌道」。形成收縮環時，驅動蛋白可以載運需要的「工人」（蛋白質）前往該處。

2.
活化作為媒介的
Rho

活化連接收縮環與細胞膜的「Rho」（蛋白質）。另外，也有人認為活化Rho的訊號分子是透過中央紡錘體過來的。

3.
活化肌凝蛋白

活化的Rho會藉助其他蛋白質，像傳遞接力賽的接力棒般逐個活化、細絲化肌凝蛋白，以拉動肌動蛋白。另外，活化的Rho會與另一種蛋白質結合，促進G-肌動蛋白彼此連接成為長纖維。

連接細胞膜與收縮環的 Rho

活化 Rho 的因子

負責搬運的驅動蛋白

Rho 的活化

部分星狀體微管

活化的媒介 Rho

肌凝蛋白分子

肌動蛋白纖維

活化、細絲化的肌凝蛋白纖維

伸長的肌動蛋白纖維

收縮環

4. 決定分裂位置

肌動蛋白纖維伸長，牽引肌動蛋白的肌凝蛋白纖維也被活化，藉此形成收縮環，決定分裂的位置。

生殖細胞進行的細胞分裂

一般的身體細胞會進行「體細胞分裂」，相對地，雄性或雌性生物之精子、卵子等生殖細胞所進行的細胞分裂，則屬於「減數分裂」（meiosis）。親代將遺傳訊息傳遞給子代時，減數分裂扮演著很重要的角色。

一般的細胞分裂（體細胞分裂）過程，分裂前後細胞裡的染色體個數會相同。相對於此，減數分裂（右頁圖）需要連續分裂兩次，所以細胞最終分配到的染色體個數會是分裂前的一半。另外，圖中雖將來自母方的染色體畫成紅紫色，來自父方的染色體畫成藍紫色，但實際上兩者並沒有顏色上的差異。

不同的動物，其體細胞染色體的數目、種類也有所差異。譬如貓有19種（19對）染色體、狗有39種、黑猩猩有24種，我們人類有23種。相同種類的染色體中，一條來自父方，一條則來自母方。

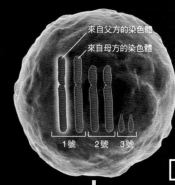

體細胞分裂

來自父方的染色體
來自母方的染色體

1號 2號 3號

6條

A1.
分裂前的體細胞
假設細胞原本擁有種共 6 條染色體，條來自父方，3 條自母方。

來自父方的染色單體對
來自母方的染色單體對

1號 2號 3號

A2.
染色體倍增
來自父方與母方的染色各自複製，成為染色對（chromatid pair對的染色單體）。

分裂

來自父方 來自母方

1號 2號 3號

來自父方 來自母方

1號 2號 3號

A3.
成對的染色單體分離
所有染色單體對都會從A2的藍色虛線處分開，然後分別置入分裂而成的兩個細胞，所以分裂後的細胞與分裂前一樣擁有 3 種共 6 條染色體。

6條   6條

減數分裂

＊圖示著重於說明染色體的分配方式。事實上，精子與卵子在形成時，細胞形狀會發生變化，但圖中省略。

減數分裂是雄性或雌性生物之生殖細胞所進行的細胞分裂。親代將遺傳訊息傳遞給子代時，減數分裂扮演著重要角色。圖示細胞擁有 3 種虛構的染色體（假設編號分別是1～3），用以說明體細胞分裂與減數分裂的差異。

減數分裂

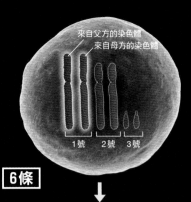

來自父方的染色體
來自母方的染色體

1號　2號　3號

6條

B1.
分裂前的生殖細胞

假設細胞原本擁有 3 種共 6 條染色體，3
條來自父方，3 條來自母方。生殖細胞之
母細胞原本的染色體數目與體細胞相同。

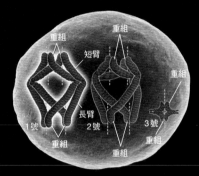

重組
重組
短臂

重組

1號　長臂　3號
2號

重組　　重組　重組

B2.
染色體倍增、重組

染色體複製，形成染色體單體對。接著，來
自父方與來自母方的染色體單體對彼此靠
近，交換部分基因（臂）。原則上，基因
重組只會發生在相同種類的染色體（同源
染色體）之間。

B3.
同源染色體分離（第 1 次分裂）

所有染色體都會從B2的藍色虛線處分開，並
保持染色體單體對的樣子，分別置入分裂而成
的兩個細胞。分裂後的細胞會隨機分配到來
自母方或父方的染色體，譬如可能出現「1
號：父方、2 號：父方、3 號：母方」這樣
的組合。

第 1 次分裂

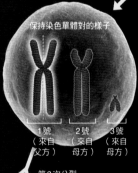

保持染色體單體對的樣子

1號
（來自
父方）
2號
（來自
母方）
3號
（來自
母方）

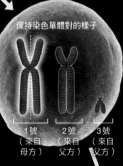

保持染色體單體對的樣子

1號
（來自
母方）
2號
（來自
父方）
3號
（來自
父方）

第 2 次分裂

B4.
成對的染色體分離（第 2 次分裂）

第 2 次分裂時，染色體單體對彼此分離，分別置
入分裂而成的兩個細胞。所以最後子細胞的染
色體為 3 種共 3 條，是原來細胞的一半。

第 2 次分裂

第 2 次分裂

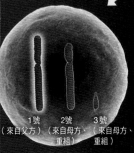

1號
（來自父方）
2號
（來自母方、
重組）
3號
（來自母方、
重組）

3條

1號
（來自父方）
2號
（來自母方、
重組）
3號
（來自母方）

3條

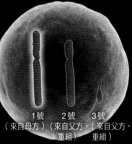

1號
（來自母方）
2號
（來自父方、
重組）
3號
（來自父方、
重組）

3條

1號
（來自母方、
重組）
2號
（來自父方、
重組）
3號
（來自父方）

3條

無法繁衍子孫的雜種「豹獅」

以 前曾有人讓雄豹（leopard）與雌獅（lion）交配，生下名為「豹獅」（leopon）的動物。1959～1961年間，日本

兵庫縣西宮市的休憩場所「阪神公園」曾繁殖出 5 頭豹獅，並撫養牠們長大。順帶一提，同樣的情況還有雄驢和雌馬交配後會生

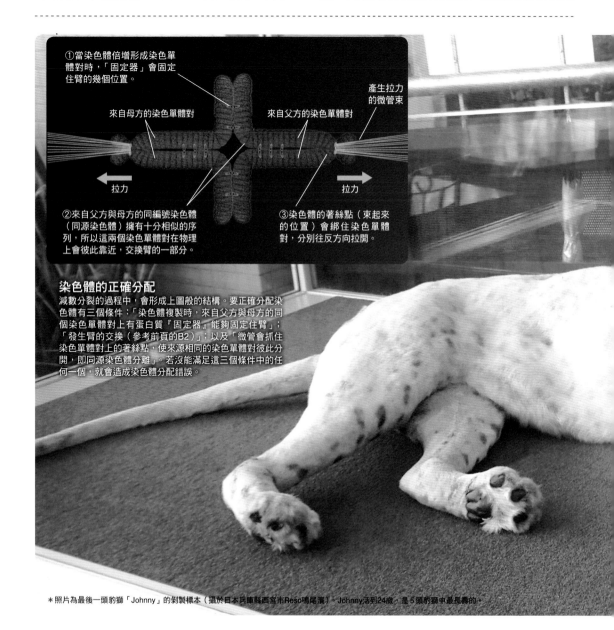

①當染色體倍增形成染色單體對時，「固定器」會固定住臂的幾個位置。

來自母方的染色單體對

來自父方的染色單體對

產生拉力的微管束

拉力

拉力

②來自父方與母方的同編號染色體（同源染色體）擁有十分相似的序列，所以這兩個染色單體對在物理上會彼此靠近，交換臂的一部分。

③染色體的著絲點（束起來的位置）會綁住染色單體對，分別往反方向拉開。

染色體的正確分配
減數分裂的過程中，會形成上圖般的結構。要正確分配染色體有三個條件：「染色體複製時，來自父方與母方的同個染色體對上有蛋白質『固定器』，能夠固定住臂」；「發生臂的交換（參考前頁的B2）」；以及「微管會抓住染色單體對上的著絲點，使來源相同的染色單體對彼此分開，即同源染色體分離」。若沒能滿足這三個條件中的任何一個，就會造成染色體分配錯誤。

＊照片為最後一頭豹獅「Johnny」的剝製標本（攝於日本兵庫縣西宮市Reso鳴尾濱）。Johnny活到24歲，是 5 頭豹獅中最長壽的。

下「騾」、雄獅和雌虎交配後會生下「獅虎」等等。

人們曾經試著讓豹獅彼此交配，卻無法再繁殖出下一代。原因就在於牠們無法順利地減數分裂。減數分裂的第1次分裂中，來自父方與母方的染色單體對會在分裂前交換部分的基因（臂）。所以兩個染色單體對必須在物理上接觸（參考左頁圖）。豹獅在減數分裂時，無法順利完成該步驟，這就是牠們無法

誕下後代的原因。

一般生物之所以得以順利交換基因，是因為重組部分的鹼基序列十分相似。但豹獅擁有來自豹（父）和獅（母）的染色體，兩者種類並不相同，鹼基序列也有很大的差異，所以來自父方與母方的染色單體對無法配對，使得染色體無法正確分配給子細胞。

只有一代的豹獅

日本阪神公園曾繁殖出5頭豹獅，2頭在1959年出生（雄、雌），3頭在1961年出生（雄、雌、雌）。牠們都沒有留下後代，且最後一頭豹獅在1985年死亡。這5頭豹獅的身體都與豹相似，臉則各有不同，不過和豹、獅都有相似之處。豹獅全長超過230公分，體重約100～135公斤。這5頭豹獅都製成了剝製標本，存放在日本國立科學博物館筑波研究設施等地。

染色體會排列在細胞中央

接 著要說明的是染色體（成對的染色單體）的分配機制。

不管是減數分裂還是體細胞分裂，原理上都是使用相同的分配裝置（紡錘體）。一般來說，細胞分裂時，中心體會形成紡錘極，並由此伸出微管以形成紡錘體。不過，卵母細胞在分裂時不需要依賴中心體，而是像體細胞分裂時一樣，由微管呈放射狀伸出以形成紡錘體。

形成紡錘體的微管上有許多「驅動蛋白」，可將微管當成「軌道」，在染色體的臂或著絲點（束起處）移動。在驅動蛋白的牽引下，染色體會陸續排列在紡錘體的中央處。當染色體都排列好之後，紡錘體就會將所有染色體同時拉往兩個紡錘極的方向，使其分離。不過在所有染色體完全排列好之前，紡錘體不會進入分離程序。也就是說，細胞在分裂時有一套確認染色體排列情況的機制，所以才可以使染色體平均分配。

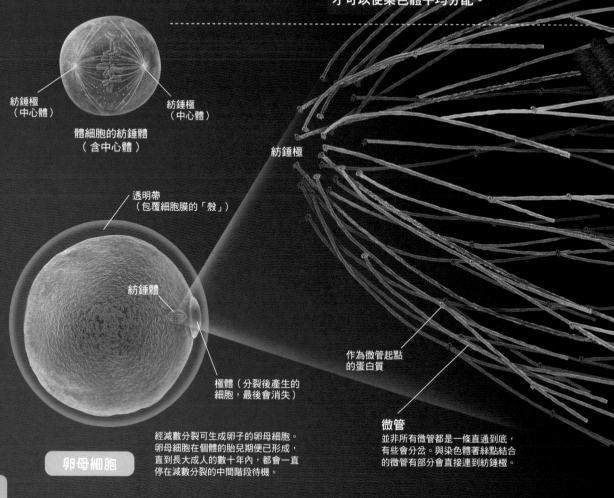

紡錘極
（中心體）

紡錘極
（中心體）

體細胞的紡錘體
（含中心體）

紡錘極

透明帶
（包覆細胞膜的「殼」）

紡錘體

作為微管起點
的蛋白質

極體（分裂後產生的
細胞，最後會消失）

微管
並非所有微管都是一條直通到底，
有些會分岔。與染色體著絲點結合
的微管有部分會直接連到紡錘極。

卵母細胞

經減數分裂可生成卵子的卵母細胞。
卵母細胞在個體的胎兒期便已形成，
直到長大成人的數十年內，都會一直
停在減數分裂的中間階段待機。

在微管上移動的驅動蛋白

「驅動蛋白」是一群蛋白質，可以將微管當作移動用的「軌道」。光是和細胞分裂相關的驅動蛋白就有 8 種左右。部分驅動蛋白會與染色體相連移動，以排列染色體。

另外，微管是由成套的 2 個蛋白質「微管蛋白」堆積而成。微管末端會有微管蛋白離開或加入，藉此改變微管的長度。

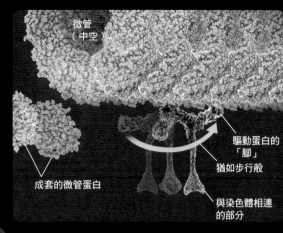

微管
（中空）

驅動蛋白的「腳」
猶如步行般

與染色體相連的部分

成套的微管蛋白

＊微管蛋白的結構參考自 PDB ID：3J2U（Asenjo, A.B et al.（2013）Cell Rep 3：759-768），驅動蛋白的結構參考自 PDB ID：3VHX（Makyio, H. et al.（2012）Embo J. 31：2590-2603）。

排列好的染色體

驅動蛋白

臂被推動的染色體

被抓住著絲點搬運的染色體

紡錘極

驅動蛋白

排列好的染色體
（染色單體對）

染色體的排列

圖為卵母細胞的紡錘體結構。在驅動蛋白等的作用下，染色體排列至中央。不過為了方便說明，特將微管的粗細、驅動蛋白的大小以及相對於卵母細胞的體細胞大小等，予以誇大呈現。

正確分配染色體

染色體中的染色單體對會用一種名為「黏著蛋白」（cohesin）的環狀蛋白固定在一起。相較於臂的部分，束起部分（著絲點附著位置）的固定強度比較高。

染色單體對排列在紡錘體中央，準備好要分離時，原本固定住染色單體的「固定器」會鬆開，分別拉往位於相反方向的紡錘極，使其分離成 2 條染色單體（1）。固定器鬆開時，微管末端會開始分解，使微管越來越短。此時，抓住微管的部分會開始往紡錘極的方向滑動（2）。如此一來，染色體會變成「＜」的形狀，往紡錘極靠近（3），完成分配（4）。

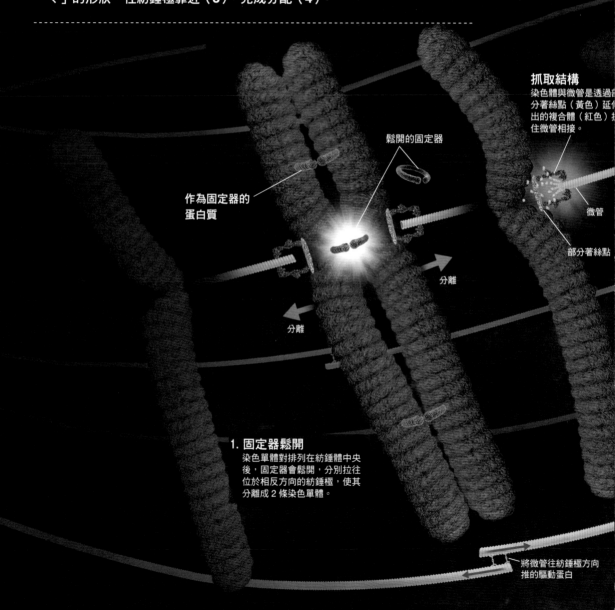

鬆開的固定器

抓取結構
染色體與微管是透過部分著絲點（黃色）延伸出的複合體（紅色）抓住微管相接。

作為固定器的
蛋白質

微管

分離

部分著絲點

分離

1. 固定器鬆開
染色單體對排列在紡錘體中央後，固定器會鬆開，分別拉往位於相反方向的紡錘極，使其分離成 2 條染色單體。

將微管往紡錘極方向
推的驅動蛋白

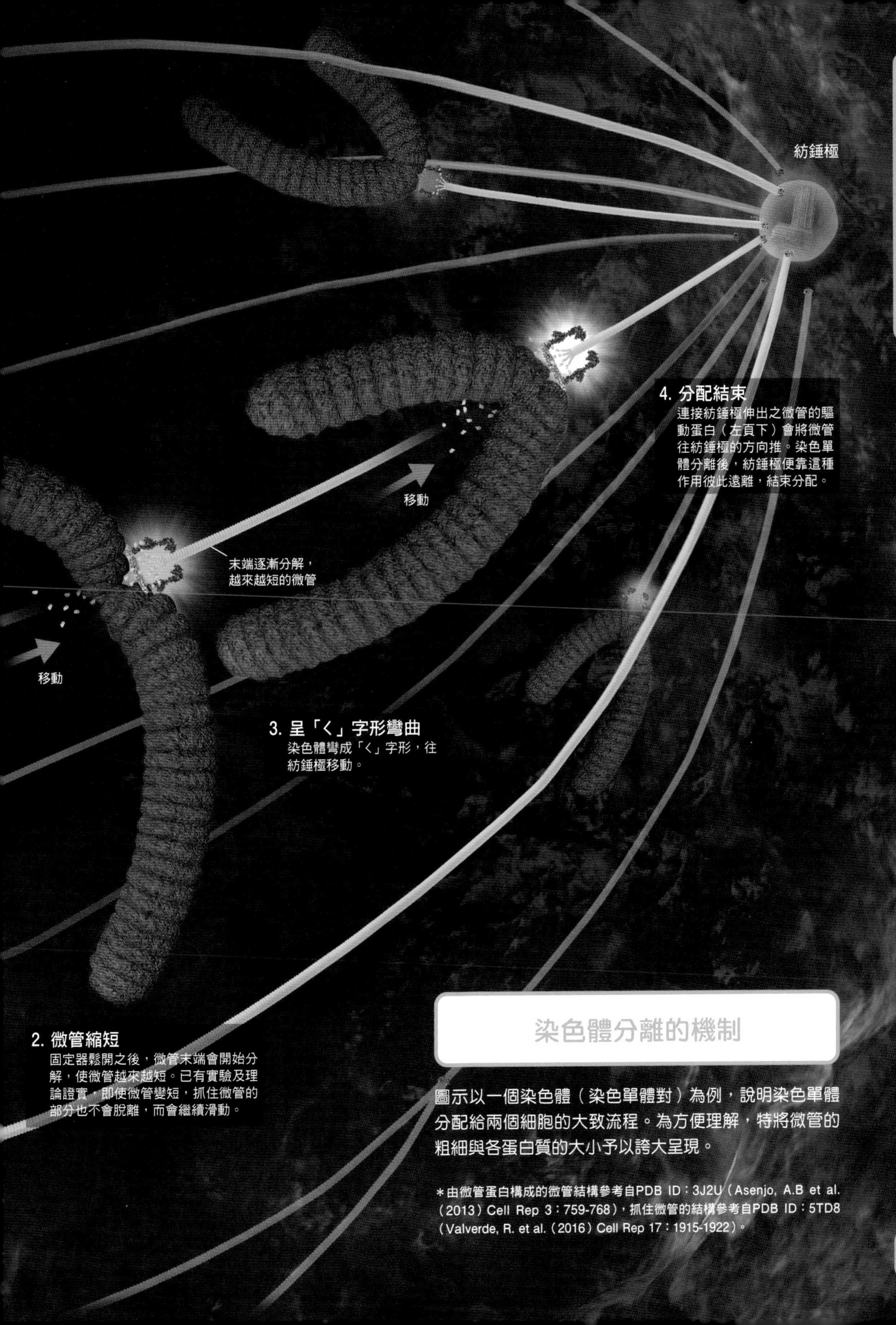

紡錘極

4. 分配結束
連接紡錘極伸出之微管的驅動蛋白（左頁下）會將微管往紡錘極的方向推。染色單體分離後，紡錘極便靠這種作用彼此遠離，結束分配。

移動

末端逐漸分解，
越來越短的微管

移動

3. 呈「く」字形彎曲
染色體彎成「く」字形，往紡錘極移動。

2. 微管縮短
固定器鬆開之後，微管末端會開始分解，使微管越來越短。已有實驗及理論證實，即使微管變短，抓住微管的部分也不會脫離，而會繼續滑動。

染色體分離的機制

圖示以一個染色體（染色單體對）為例，說明染色單體分配給兩個細胞的大致流程。為方便理解，特將微管的粗細與各蛋白質的大小予以誇大呈現。

＊由微管蛋白構成的微管結構參考自PDB ID：3J2U（Asenjo, A.B et al.（2013）Cell Rep 3：759-768），抓住微管的結構參考自PDB ID：5TD8（Valverde, R. et al.（2016）Cell Rep 17：1915-1922）。

「端粒」是細胞分裂的回數票

正常的細胞經過多次分裂後，最後會失去分裂能力（細胞老化）。也就是說，分裂次數有一定的上限，通常是20次左右，多數細胞都不會超過50次。細胞分裂次數有一定上限的機制，就好像電車或公車的回數票一樣。一旦細胞用完手上的回數票，就不能再繼續分裂下去了。較為有力的學說主張，相當於回數票的構造就是位於DNA（染色體）末端的「端粒」（telomere）長度。細胞每分裂一次，端粒就會變短一些。

另一方面，有一種酶名為「端粒酶」（telomerase），可以增加端粒的長度。多數癌細胞的端粒酶都相當活躍，即使經過多次分裂，DNA仍不會變短。所以癌細胞才可以無窮無盡地分裂下去。

一般認為，體內各種內臟中含有的幹細胞（stem cell，參考第182頁）其端粒酶活性較高，這也是為什麼造血幹細胞、表皮與小腸上皮幹細胞等可以無上限地一直分裂下去的原因之一。

端粒

端粒位於DNA（染色體）的末端，呈環狀結構，具有「保護蓋」般的功能，可使DNA末端不易損壞。根據正常血液細胞的調查結果發現，20～30多歲人的細胞端粒長度約為 1 萬個鹼基，然而60～70多歲人的細胞只剩下6000個鹼基左右。

此為DNA（紫色）的末端有端粒酶（藍色），可延長端粒長度的示意圖。癌細胞與幹細胞的端粒酶都相當活躍（右頁上圖把端粒畫在細胞核之外，但實際上端粒位於細胞核內）。

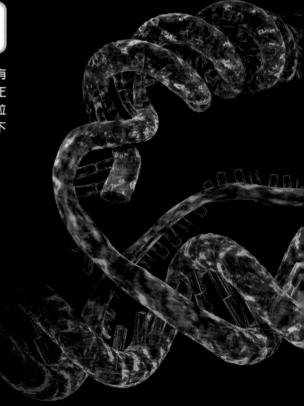

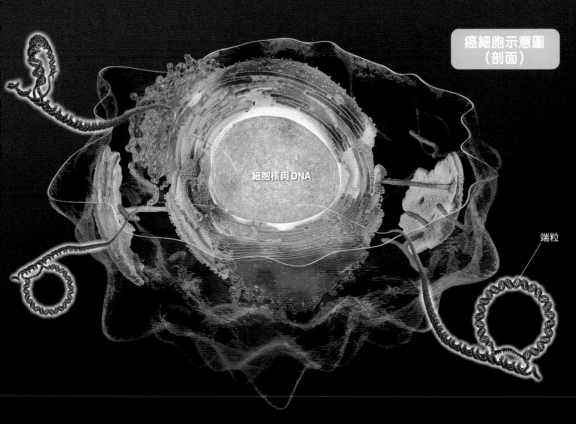

癌細胞示意圖
（剖面）

細胞核與DNA

端粒

＊端粒酶的立體結構參考自PDB ID：3DU6（Gillis,
A.J. et al.（2008）Nature 455：633-637）。

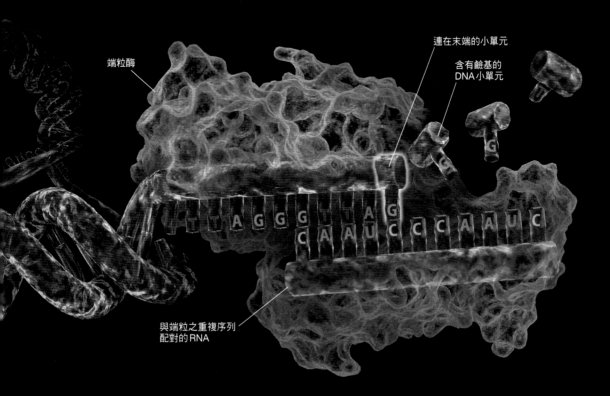

端粒酶

連在末端的小單元

含有鹼基的
DNA小單元

與端粒之重複序列
配對的RNA

體內細胞失去「秩序」時會形成「癌」

原 本細胞只會在需要的時候增加到身體所需的數量。譬如當個體成長時，為了治好傷口，細胞必須持續分裂，以補充需要的細胞。另一方面，已成長完成的內臟為了保持原本的大小，必須將細胞分裂的情況控制在一定程度。然而癌細胞卻會擾亂這個

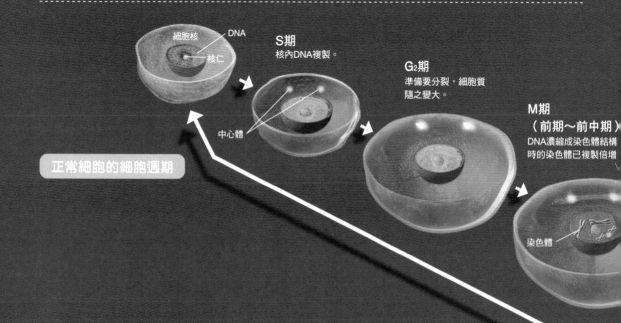

細胞核 —— DNA

核仁

S期
核內DNA複製。

G₂期
準備要分裂，細胞質隨之變大。

中心體

正常細胞的細胞週期

M期
（前期～前中期）
DNA濃縮成染色體結構時的染色體已複製倍增

染色體

專欄
COLUMN

癌是基因疾病

各種致癌因子侵入細胞核時會破壞DNA，而DNA損傷持續累積後，就會形成癌細胞。破壞DNA的環境要素包括某些種類的病毒、化學物質、紫外線等。

「癌病毒」會將自身的癌基因與遭感染細胞的DNA重組，使細胞癌化。另外，名列「致癌物質」的化學物質多會透過與DNA結合，使基因發生突變。代表性的致癌物質包括香菸中的「苯芘」（Benzo[a]pyrene）、保存不良的花生或穀物等所孳生的黴菌「黃麴毒素」等。前者會引起肺癌，後者會引起肝癌。DNA受「紫外線」照射時，相鄰的胸腺嘧啶鹼基會結合在一起，這種結構會使DNA無法正確複製（參考第64頁）。紫外線之所以會造成皮膚癌，就是這個原因。

秩序，繼續分裂下去。癌細胞之所以會造成身體功能下降，就是因為這種無意義的細胞分裂造成了體內養分的浪費，或是增殖的癌細胞占據了正常細胞原本的位置，進而破壞掉組織與器官等等。

正常細胞會依照接收到的訊號，決定要繼續還是停止分裂。但在癌細胞中，由於促進細胞分裂的基因發生突變，導致細胞分裂活動變得過度活躍。有時候則是因為抑制細胞分裂的基因發生突變，使得細胞分裂的煞車失靈造成增殖失控。

沒有進入 G_0 期的癌細胞

細胞接收到促進分裂的訊號後，會先進行複製DNA的準備工作（G_1期）。接著開始複製DNA（S期），待做好分裂準備（G_2期），才會進入細胞分裂階段（M期）。分裂結束後，在下一個促進分裂的訊號到來前，會停止細胞分裂活動（G_0期）。

當細胞的特定基因突變使得分裂活動過度活躍，或者抑制分裂的基因發生突變導致分裂活動失控，就會成為癌細胞。所以癌細胞不會進入G_0期，而是不斷循環「G_1→S→G_2→M→G_1……」的過程。

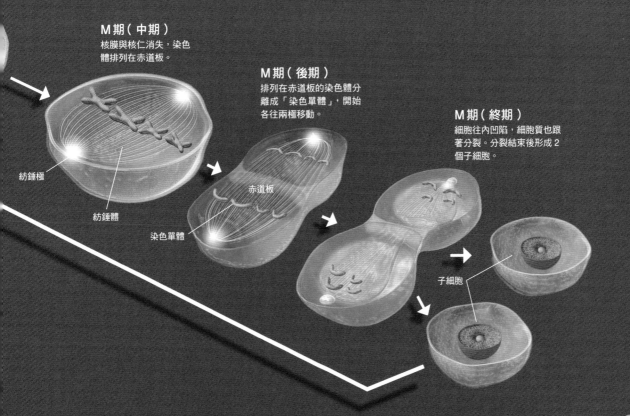

M 期（中期）
核膜與核仁消失，染色體排列在赤道板。

M 期（後期）
排列在赤道板的染色體分離成「染色單體」，開始各往兩極移動。

M 期（終期）
細胞往內凹陷，細胞質也跟著分裂。分裂結束後形成 2 個子細胞。

紡錘極

紡錘體

赤道板

染色單體

子細胞

遺傳性癌症幾乎都肇因於抑癌基因的突變

有些癌症是遺傳造成的。「視網膜母細胞瘤」（retinoblastoma）即為代表性的遺傳性癌症，該病為患者眼睛內長有惡性腫瘤（癌細胞），且好發於兒童。RB基因的突變是視網膜母細胞瘤的病因之一。RB基因原本的功能是抑制細胞的異常增殖，這類基因又稱「抑癌基因」（tumor suppressor gene）。

由RB基因製造出來的蛋白質會「蓋」在促進細胞分裂的蛋白質E2F上，使其無法作用。可是當RB基因突變，無法正常發揮功能時，就不能蓋住E2F了，這會導致細胞持續不斷地分裂增生。

在RB基因的例子中，只有父方與母方的基因皆突變，才會致癌。因遺傳而罹癌的病患幾乎都天生帶有其中一方的突變抑癌基因。

除了E2F之外，啟動促進細胞分裂之基因時所需的蛋白質

RB基因突變的癌細胞

代表性抑癌基因「RB基因」之正常功能突變後※的機制示意圖（右圖）。從雙親獲得的兩個RB基因中只要有一個基因還能正常運作，就可以維持正常的抑癌功能。

※：譬如第13號染色體的其中一個RB基因遺失，或者其他方面突變的情況。

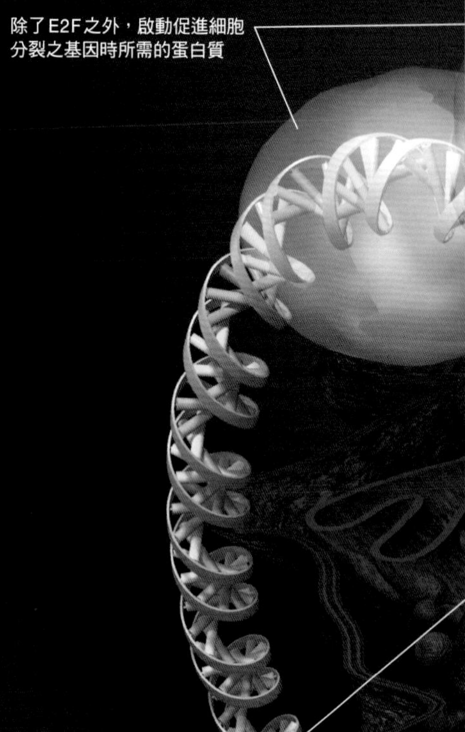

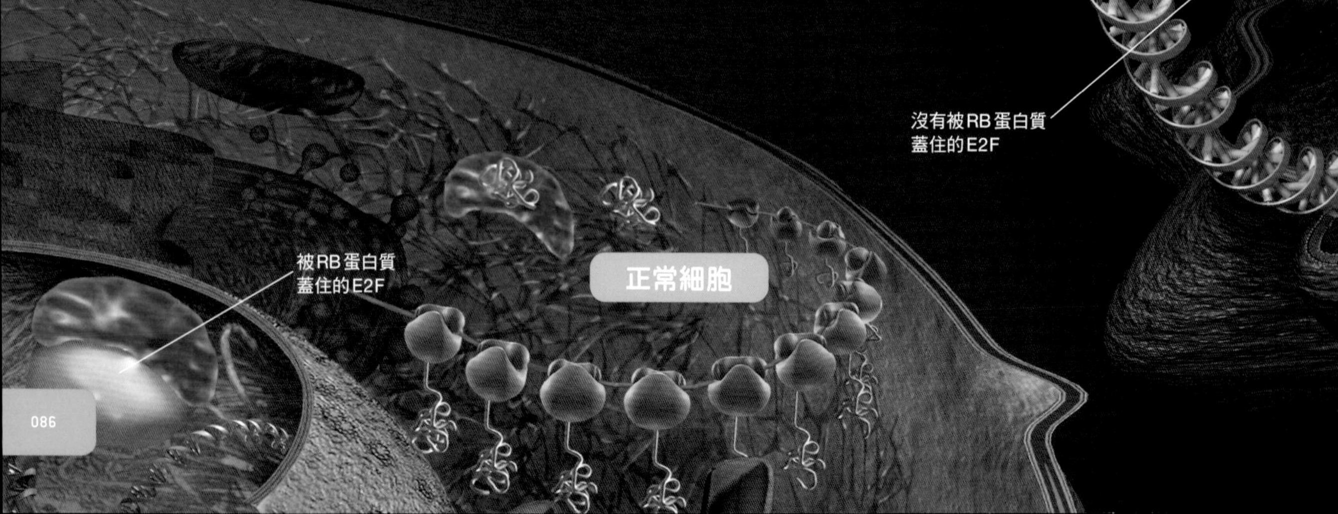

沒有被RB蛋白質蓋住的E2F

被RB蛋白質蓋住的E2F

正常細胞

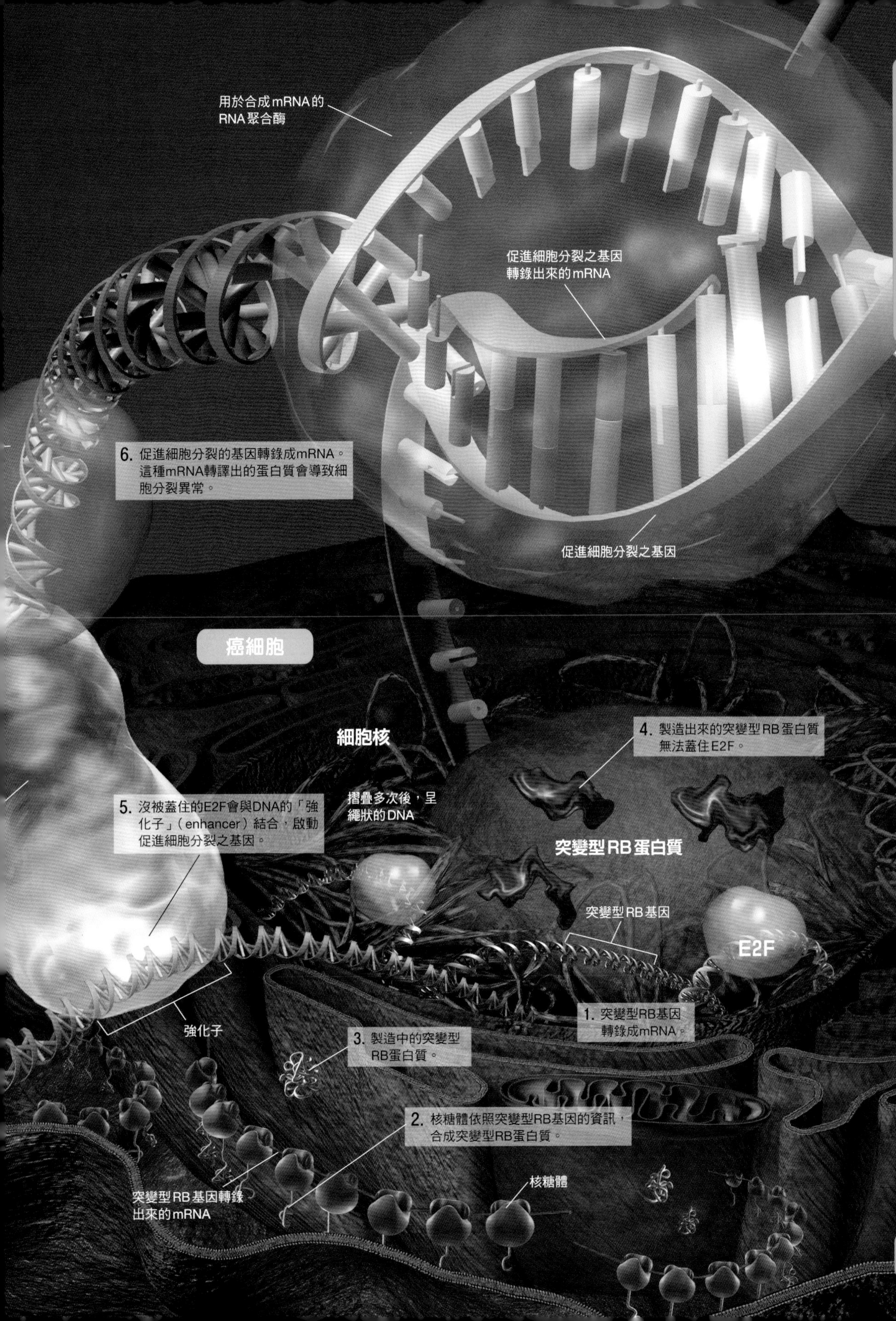

用於合成 mRNA 的
RNA 聚合酶

促進細胞分裂之基因
轉錄出來的 mRNA

6. 促進細胞分裂的基因轉錄成 mRNA。
這種 mRNA 轉譯出的蛋白質會導致細
胞分裂異常。

促進細胞分裂之基因

癌細胞

細胞核

4. 製造出來的突變型 RB 蛋白質
無法蓋住 E2F。

摺疊多次後，呈
繩狀的 DNA

5. 沒被蓋住的 E2F 會與 DNA 的「強
化子」（enhancer）結合，啟動
促進細胞分裂之基因。

突變型 RB 蛋白質

突變型 RB 基因

E2F

1. 突變型 RB 基因
轉錄成 mRNA。

強化子

3. 製造中的突變型
RB 蛋白質。

2. 核糖體依照突變型 RB 基因的資訊，
合成突變型 RB 蛋白質。

突變型 RB 基因轉錄
出來的 mRNA

核糖體

分析染色體以治療癌症

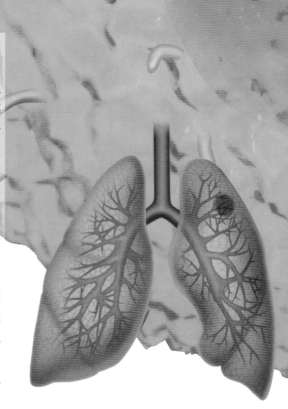

癌細胞的基因體與正常細胞有很大的差異，這會造成細胞「失控」。

即使罹患的是同一種癌，每個人的基因體變化也未必相同。實驗結果顯示，基因體有所變化時，藥物（抗癌藥）的效果可能會有百倍以上的差異，所以必須依情況投予不同的藥物來治療。「肺腺癌」在臺灣與全世界都是死亡人數最多的癌症，目前已有近6成的病例，可以依照基因體的改變模式，投予效果較高的藥物。

以肺腺癌為例，若是由與細胞增殖有關的「EGFR基因」突變所引起，那麼含「厄洛替尼」（erlotinib）或「吉非替尼」（gefitinib）等成分的抗癌藥物都是不錯的選擇。另一方面，如果是2號染色體的部分倒轉，導致「EML4基因」與「ALK基因」的序列相連的話，則使用含「克唑替尼」（crizotinib）成分的抗癌藥物會有很好的效果。

專欄 COLUMN ── 免疫檢查點抑制劑

我們的身體有三道防禦系統，可以消滅癌化的異常細胞，使癌細胞組織不會進一步擴大，分別是「DNA修復」、「細胞凋亡」（癌化細胞自我消滅，參考第48頁），以及「免疫系統」。

癌細胞也有多種「策略」，用以逃過身體的免疫機制。舉例來說，免疫系統有一套機制，可以踩下免疫反應的煞車，防止過度反應。當免疫系統因為病原體等侵入而活化時，該機制可以控制免疫反應的程度，防止免疫系統攻擊自己的身體。癌細胞正是利用這個機制的漏洞，擅自踩下煞車，使自己免於受到免疫系統的攻擊。而「免疫檢查點抑制劑」（immune checkpoint blockade）可以破解癌細胞的這個策略，藉由阻斷其行動，使免疫系統繼續攻擊癌細胞。未來這種「免疫療法」或許會與過去的「標準療法※」合併成「複合免疫療法」，成為治療癌症的主流方法。

※ 目前的癌症治療主流為「標準療法」，包括外科、放射線、抗癌藥物等治療方法。

肺腺癌治療

肺腺癌常發生於支氣管末端，是一種發展相對和緩的肺癌。肺部會由細胞分裂產生新的細胞，分裂時鹼基可能會突變，或者部分染色體的方向倒轉（逆位）。若突變與逆位發生在細胞正常分裂時所需的基因，或者是含有該基因的染色體區域，就會造成以該基因遺傳訊息製成的蛋白質功能異常，使細胞癌化。治療肺腺癌時，需要分析患者的基因體（本例為染色體），並依照患者情況投予適當的抗癌藥物。

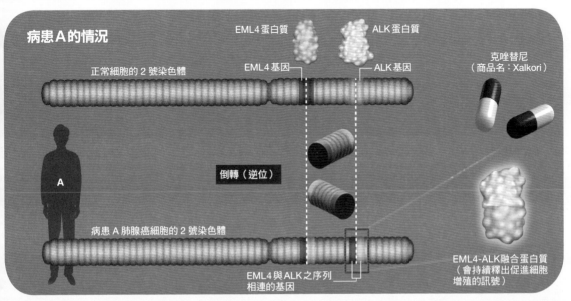

病患A的情況

EML4蛋白質　ALK蛋白質

克唑替尼
（商品名：Xalkori）

EML4基因　ALK基因

正常細胞的 2 號染色體

倒轉（逆位）

A

病患 A 肺腺癌細胞的 2 號染色體

EML4與ALK之序列
相連的基因

EML4-ALK融合蛋白質
（會持續釋出促進細胞
增殖的訊號）

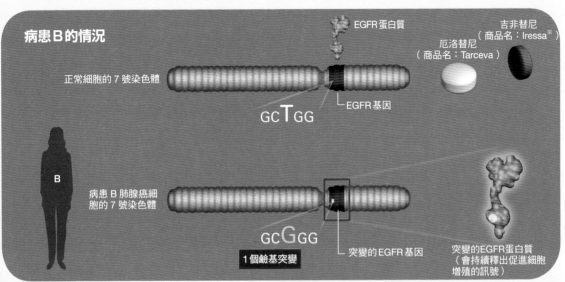

病患B的情況

EGFR蛋白質

吉非替尼
（商品名：Iressa[※]）

厄洛替尼
（商品名：Tarceva）

正常細胞的 7 號染色體

EGFR基因

GC**T**GG

B

病患 B 肺腺癌細
胞的 7 號染色體

GC**G**GG

1個鹼基突變

突變的EGFR基因

突變的EGFR蛋白質
（會持續釋出促進細胞
增殖的訊號）

※：日本准許Iressa上市後，自2002年7月起的半年內，因Iressa的嚴重副作用而死亡的患者有180人，遠高過使用其他抗癌藥物的患者，還演變成法律訴訟。2004年，有研究報告指出Iressa對於EGFR基因突變的患者有效，所以自2011年10月起，僅限定這些患者使用Iressa。

COLUMN

擁有許多優秀能力
的裸鼴鼠

在 非洲大陸東部的肯亞、衣索比亞、索馬利亞等莽原地區的地底下，棲息著一群名為「裸鼴鼠」（*Heterocephalus glaber*）的囓齒類動物。體長約10公分，體重約30公克，形似老鼠。正如其名所示，裸鼴鼠全身上下幾乎沒有體毛，且前齒（門牙）特別突出，有著十分特殊的外型。

牠們會用前齒在地下挖出複雜的綿長坑道築巢，以族群（colony）為單位生活，一個族群約有80～300隻個體。坑道內的氧氣濃度在8％以下，屬於低氧環境（平地的氧氣濃度約為21％）。為了適應這樣的環境，裸鼴鼠的呼吸節奏較慢，紅血球與氧氣的結合能力相當高。

裸鼴鼠過著分工合作
的社會生活

裸鼴鼠和蜂或蟻一樣屬於「真社會性」（eusociality）動物，會建構出一個以女王為尊的複雜社會結構。族群內只有1隻裸鼴鼠女王，以及1～3隻由女王挑選出來的國王具有繁殖能力，其他個體為士兵或雜工，負責守護巢穴。不過，牠們的階級並非天生決定，當體型大小有所變化時，階級也會隨之改變。

另外，牠們是哺乳動物中極其罕見的變溫動物（體溫會隨著周圍溫度變化的動物）。為了保持剛出生幼體的體溫，多個成體會擠在旁邊睡覺取暖，看起來十分溫馨。

長壽且不易罹癌

囓齒類中，裸鼴鼠的壽命特別長。一般囓齒類（老鼠）的平均壽命約3年左右，裸鼴鼠卻可達30年。而且即使年紀增加，細胞也不會老

化。將裸鼴鼠以人類來比喻的話，就相當於一生中有8成左右的時間都保持在20多歲的健康狀態。而且，裸鼴鼠不容易罹患癌症。不僅是本身難以自發性生成癌細胞，就連在實驗室用人工方式為其移植腫瘤或注射致癌物質，也很難引發癌症。

2013年發表在科學期刊Nature的研究報告指出，裸鼴鼠之所以具有這種特性，其中一個原因是「玻尿酸」（hyaluronic acid）的作用。裸鼴鼠體內製造的玻尿酸分子量是老鼠與人類的5倍，而該物質可以抑制癌細胞的增殖。

表面有許多皺褶的皮膚沒有長毛，難以調節體溫（變溫動物）。

090

現在，學界正從各個角度展開研究，試著了解更詳細的作用機制。未來如果相關結果可以應用到人類身上，或許會大舉改變醫療狀況乃至於人類的生態。

飼育箱內如「棉被」般堆疊的裸鼴鼠。

裸鼴鼠（↓）

具真社會性結構的裸鼴鼠會為了巢穴存亡犧牲自己與敵人戰鬥，也會幫助其他個體尋找食物、撫育下一代。目前相關原因尚不得而知，不過在生物學中，這種傾向留下家族基因的行為稱作「親緣選擇」（kin selection）。

可組合17～18種叫聲彼此溝通。

眼睛很小，幾乎沒有視覺。

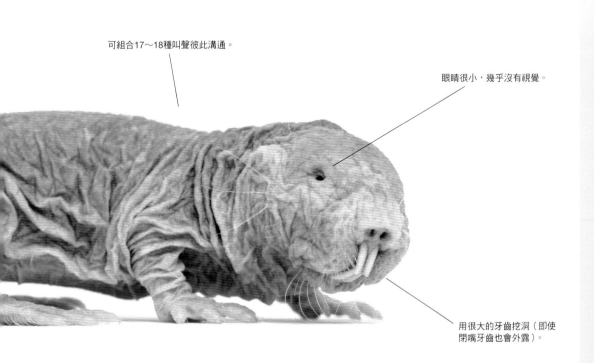

用很大的牙齒挖洞（即使閉嘴牙齒也會外露）。

* 「氣管」是由喉嚨通往肺部的空氣通道，圖為大鼠（rat）的氣管壁樣貌。
擺動長毛的纖毛細胞（黃色）可將進入氣管的異物推回氣管入口。

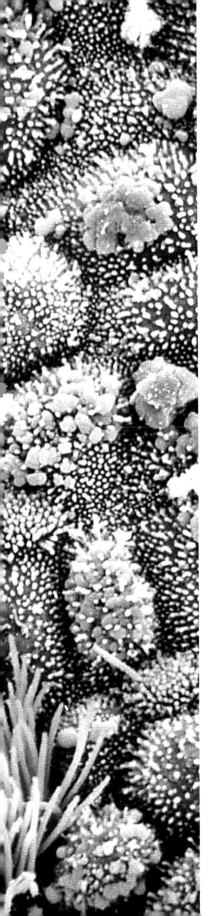

3

構成身體的細胞
Cells of the human body

轉變成功能各異的特定細胞

人的一生從精子與卵子結合的受精卵開始。受精卵經多次分裂後，會轉變成多種形狀與功能各異的細胞，譬如骨細胞、紅血球、腦的神經細胞（神經元）等。這種由一種細胞轉變成多種功能各異之特定細胞的過程，叫作「分化」（differentiation）。可以把我們的身體想像成是由分化後細胞聚集而成的「細胞社會」。

如果將細胞的分化途徑想像成是有許多分岔的坡道，那麼細胞的分化過程就像是受精卵這個「球」滾下坡道的過程（參考下圖）。這是英國的生物學家沃丁頓（Conrad Waddington，1905～1975）在1950年代所提出的概念，稱作「表徵遺傳地景說」（epigenetic landscape）。就像球不會自己往上滾一樣，細胞分化後也不能再變回原來的樣子。而且，分化後的細胞也無法轉變成其他細胞。

細胞分化機制

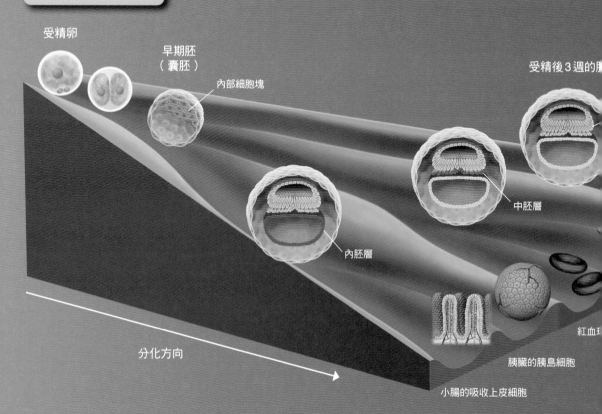

受精卵

早期胚
（囊胚）

內部細胞塊

受精後3週的胚

中胚層

內胚層

紅血球

胰臟的胰島細胞

小腸的吸收上皮細胞

分化方向

運作的基因組合定型

分化之後，在細胞內運作的基因組合會有所改變（除了極少數細胞其基因本身不會改變），定型成特定細胞。假設「DNA」是一本書，那麼該機制就像是把不會用到的頁面黏起來（**A**），或是把文字塗黑（**B**）。另外，定型的細胞核狀態也會傳承給細胞分裂所產生的子代細胞。

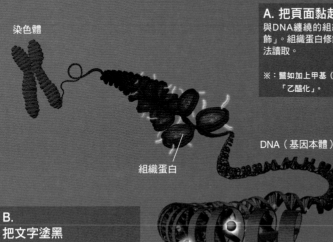

染色體

組織蛋白

DNA（基因本體）

甲基（−CH₃）

A. 把頁面黏起來（組織蛋白修飾）

與DNA纏繞的組織蛋白產生某種化學變化※，稱作「組織蛋白修飾」。組織蛋白修飾後，DNA就會一直纏繞在組織蛋白上，使基因無法讀取。

※：譬如加上甲基（−CH₃）的「甲基化」，以及加上乙醯基（−CH₃CO−）的「乙醯化」。

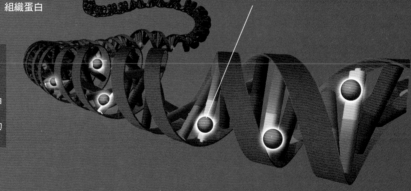

B.
把文字塗黑
（DNA甲基化）

DNA鹼基中的C（胞嘧啶）加上甲基的現象，稱作「DNA甲基化」。甲基化的DNA會失去基因原本的功能。

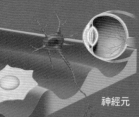

胚層

水晶體細胞

神經元

纖維母細胞

心肌

專欄 COLUMN　如何決定細胞的「命運」？

如何決定一個細胞「會在何時分化成哪種細胞」呢？事實上，決定細胞分化方向的並不是細胞本身，而是來自周圍環境的指令。德國生物學家斯佩曼（Hans Spemann，1869～1941）曾用蠑螈做實驗，證明「胚胎的某些部分會影響其他未分化的部分，使其分化成特定細胞」。這個過程稱作「誘導」，能夠誘導其他部分分化的組織，稱作「誘導組織」（organizer）。

　　生物形成身體時，胚胎的一部分會形成誘導組織，透過誘導作用使相鄰區域形成神經管（原始的腦）。神經管再形成次級誘導組織，誘導特定細胞分化，形成眼睛的水晶體（lens）等細胞。我們體內的約40兆個細胞，就是在這個「誘導鏈」的作用下決定了各自的命運。

COLUMN

遺傳與環境之間
有著複雜的關係

在領養風氣相對盛行的歐美國家，有不少同卵雙胞胎是由不同的家庭養育長大。這些案例中，在營養狀態等方面有所不同的雙胞胎長大成人後，彼此的身高、體重、是否容易罹病等特性也可能會產生極大差異。

除了極少數的突變之外，同卵雙胞胎的遺傳訊息（DNA的鹼基排列方式）完全相同。不過近年的研究結果指出，隨著年紀增長，同卵雙胞胎之間的DNA「差異」會逐漸累積。之所以會有差異，是因為兩人的「DNA甲基化」（DNA methylation）發生在DNA的不同位置。

所謂DNA的甲基化，是指DNA鹼基的一部分加上甲基（-CH3）的現象。鹼基甲基化之後，該區域的遺傳訊息就無法讀取。

成長環境越是不同的雙胞胎，甲基化鹼基的分布差異就越大。由此可知，DNA甲基化會受到

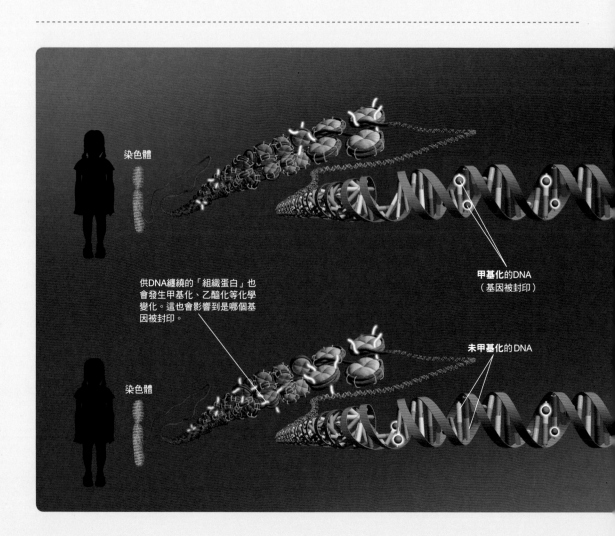

染色體

供DNA纏繞的「組織蛋白」也會發生甲基化、乙醯化等化學變化。這也會影響到哪個基因被封印。

甲基化的DNA
（基因被封印）

染色體

未甲基化的DNA

環境某些因子的影響。

　　繼承自雙親的DNA只能夠影響天生的「素質」。能否活用自身素質，則取決於成長的環境。以甲基化為始的各種分子層次研究，說明了遺傳與環境有著相當複雜的關係。

隨機決定的三色貓花紋

　　每隻三色貓的花紋會因個體而有所不同，即使是同卵雙胞胎也不會完全一致。決定貓咪毛色的基因有很多，其中「黑毛基因」與「棕毛基因」都位於X染色體上。只有擁有2條X染色體的雌貓能夠同時擁有黑毛與棕毛基因，形成三色貓（白色毛斑位置則由其他基因決定）[※]。

　　包含人類在內的所有雌性哺乳類都有2條X染色體。不過各個細胞會隨機選擇其中一個X染色體去活化，這一種現象稱作「X染色體的去活化」（X-inactivation），乃由DNA甲基化等反應造成。

　　三色貓的成因也是X染色體的去活化。只會表現黑毛基因之細胞聚集的區域會形成黑色毛斑，只會表現棕毛基因之細胞聚集的區域則會形成棕色毛斑。X染色體的去活化發生在個體發育早期，此時細胞會隨機選擇一個X染色體作為去活化的對象。所以就算是同卵雙胞胎（或者是人為製造的複製貓），毛斑的位置也不盡相同。

※：有時也會因為突變而誕生雄性的三色貓。

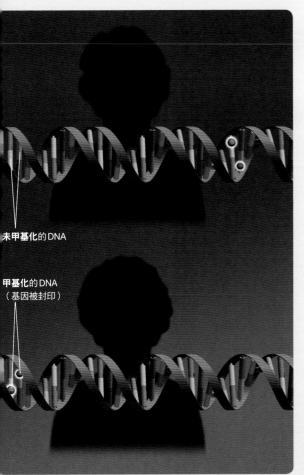

DNA的甲基化（←）

圖中簡單說明了DNA的甲基化（紅色圓球）鹼基位置因人而異，即使是同卵雙胞胎也未必會完全相同。DNA的甲基化只會發生在C（胞嘧啶）—G（鳥嘌呤）這種鹼基配對上的C。

未甲基化的DNA

甲基化的DNA
（基因被封印）

三色貓的花紋與遺傳（↑）

三色貓身上的毛斑，源自於雌貓2條X染色體中有一個X染色體去活化。如果某區塊的細胞中，擁有「黑色毛斑基因」的X染色體被去活化，只有另一個X染色體的「棕色毛斑基因」表現出來，將使該區的毛斑呈現棕色。相對地，如果某區塊的細胞中，擁有「棕色毛斑基因」的X染色體被去活化，便會有相反的結果。至於是哪個X染色體被去活化，則屬隨機發生。

電子顯微鏡下
的各種胞器

下圖為掃描式電子顯微鏡下的「粒線體」。一般認為，粒線體是從其他原核生物（細菌）演化而來（參考第44頁）。粒線體帶有皺褶的內膜埋有可以產生能量的重要酶群。

右頁上圖為「內質網」（粗糙內質網），表面有許多顆粒般的袋狀結構。這些顆粒是蛋白質的合成裝置「核糖體」。在核糖體合成的蛋白質會先進入粗糙內質網，然後運送到「高基氏體」。高基氏體會為蛋白質加工，譬如切除部分蛋白質、添加醣類分子等。加工完成的蛋白質會埋入細胞膜或囊泡裡作用，或是作為分泌囊泡以及顆粒的內容物釋出至細胞外。

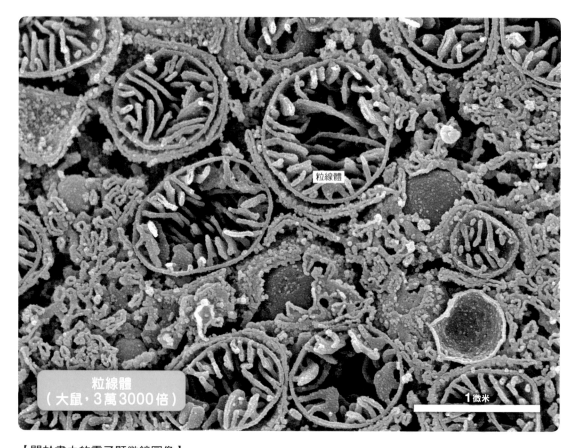

粒線體

粒線體
（大鼠，3萬3000倍）

1微米

【關於書中的電子顯微鏡圖像】
電子顯微鏡圖像原本是黑白影像，不過為了區分各種細胞會予以著上不同顏色。另外，書中所示圖像雖然主要以大鼠等實驗動物的細胞作為拍攝素材，不過其形態和人類細胞並沒有太大差異。

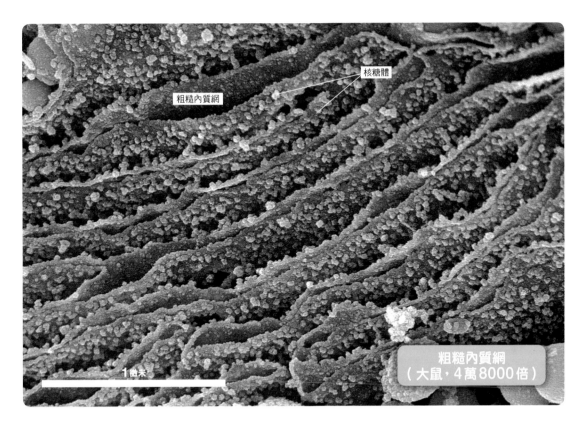

核糖體

粗糙內質網

1微米

粗糙內質網
（大鼠．4萬8000倍）

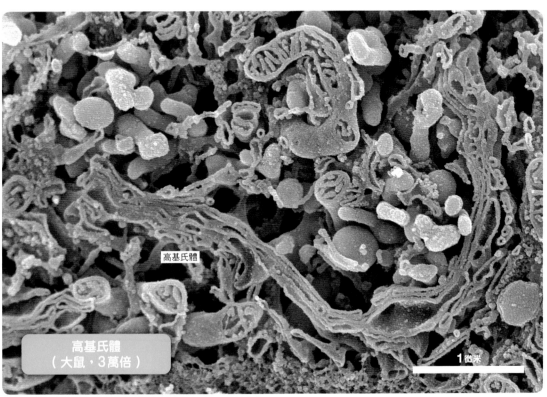

高基氏體

1微米

高基氏體
（大鼠．3萬倍）

支撐細胞的膠原纖維

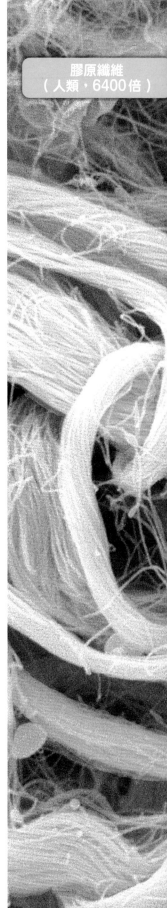

膠原纖維支撐著體內的大多數細胞。構成膠原纖維的成分是一種名為「膠原蛋白」（collagen）的蛋白質分子，由胺基酸串連而成的「多肽」（polypeptide）鏈所組成。膠原蛋白這種繩狀分子聚集成束，就會形成膠原纖維。

　　譬如皮膚內有1～3毫米厚的「真皮」，主要由膠原蛋白組成，可讓皮膚具有獨特的軟硬度與彈力。用於製作皮包、皮鞋等的材料「皮」，主成分也是構成動物真皮的膠原纖維。

　　膠原蛋白可以保持水分，使皮膚常保濕潤。雖然我們常聽到「含有大量膠原蛋白的食物對皮膚很好」之類的說法，但藉由飲食獲得的膠原蛋白會先由小腸吸收，分解成胺基酸。也就是說，料理當中所含的膠原蛋白沒有辦法直接為皮膚吸收利用。

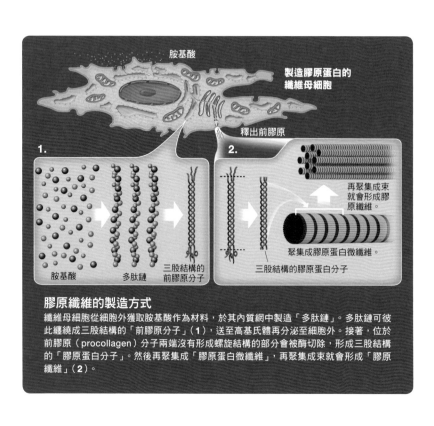

胺基酸

製造膠原蛋白的
纖維母細胞

釋出前膠原

1.

胺基酸　　多肽鏈　　三股結構的前膠原分子

2.

再聚集成束就會形成膠原纖維。

聚集成膠原蛋白微纖維。

三股結構的膠原蛋白分子

膠原纖維的製造方式

纖維母細胞從細胞外獲取胺基酸作為材料，於其內質網中製造「多肽鏈」。多肽鏈可彼此纏繞成三股結構的「前膠原分子」（1），送至高基氏體再分泌至細胞外。接著，位於前膠原（procollagen）分子兩端沒有形成螺旋結構的部分會被酶切除，形成三股結構的「膠原蛋白分子」。然後再聚集成「膠原蛋白微纖維」，再聚集成束就會形成「膠原纖維」（2）。

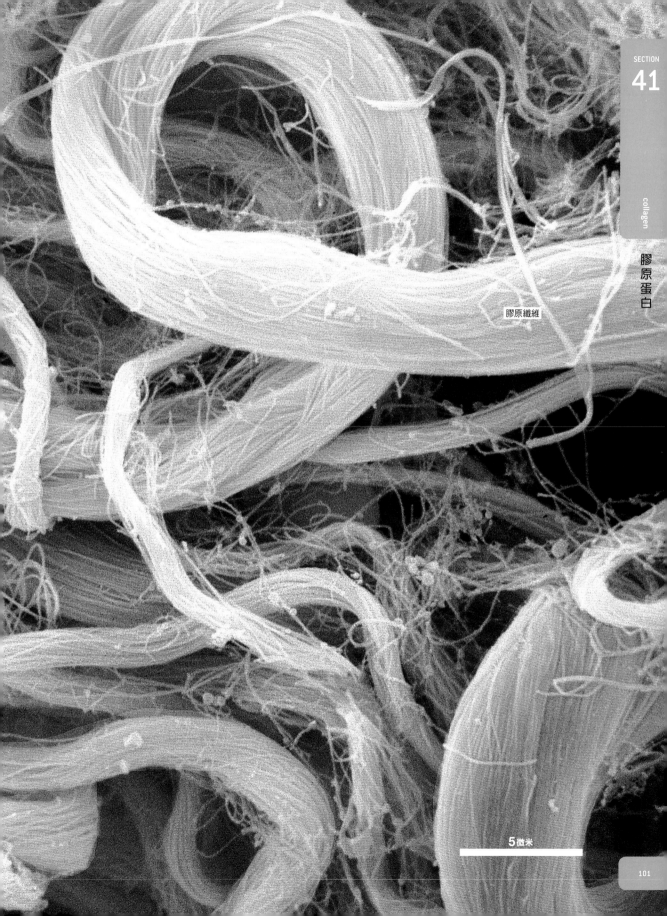

膠原纖維

5微米

支撐身體的「骨頭」
活動身體的「肌肉」

構成骨頭的「骨基質」（bone matrix）內，存在著許多「骨細胞」。骨頭表面的成骨細胞（osteoblast）會向周圍分泌骨基質，把自己包埋起來，形成骨細胞。下方照片是將小鼠的骨頭經特殊處理，溶去骨基質後攝得的骨細胞。由此可知，骨頭內的骨細胞布滿許多細長突起且彼此相連。

另一方面，肌肉（骨骼肌）由「肌纖維」聚集而成。肌纖維本身就是一個細胞，較長的肌纖維可達數公分（右頁上方照片為剝開肌纖維細胞膜的模樣）。

肌纖維內部整齊排列著許多更細的「肌原纖維」（myofibril）。用光學顯微鏡觀察肌纖維時，可以看到條紋狀圖案（A）。這是由構成肌原纖維的兩種微絲（microfilament）──「肌動蛋白纖維」（actin filament）與「肌凝蛋白纖維」（myosin filament）排列而成。

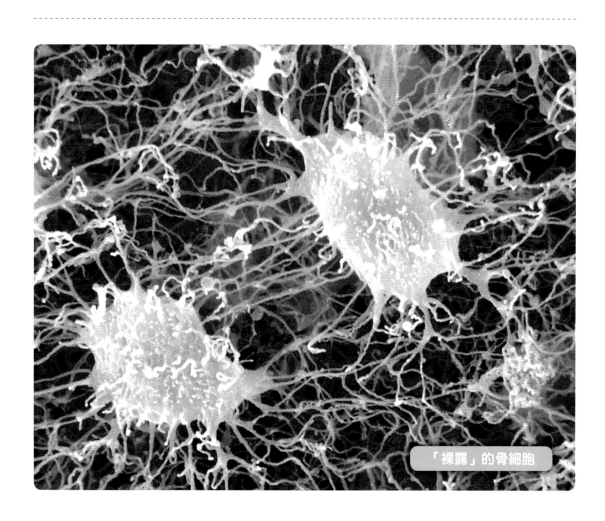

「裸露」的骨細胞

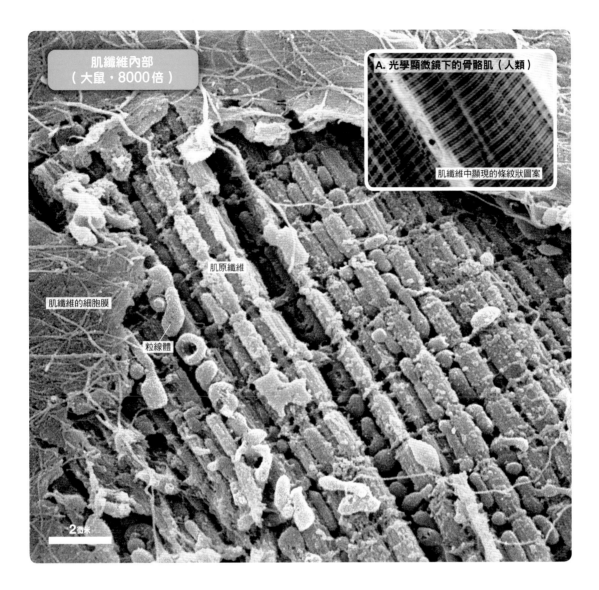

肌纖維內部
（大鼠，8000倍）

A. 光學顯微鏡下的骨骼肌（人類）

肌纖維中顯現的條紋狀圖案

肌原纖維

肌纖維的細胞膜

粒線體

2微米

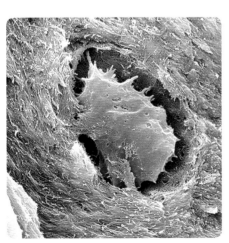

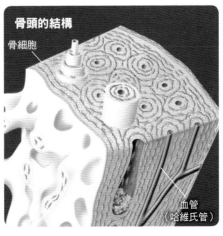

骨頭的結構

骨細胞

血管
（哈維氏管）

骨頭的結構（左）
骨頭以血管為中心，
呈同心圓層狀結構。
各層結構都有骨細胞
分布。

**骨細胞與
骨腔隙（最左）**
小鼠的骨頭照片。綠
色的部分是「基質」，
中央黃色的部分是
「骨細胞」。骨細胞埋
在洞穴般的骨腔隙
（lacuna）內。

遍布全身
的通訊網

右　圖是周圍神經（peripheral nervous）的神經纖維照片。
軸突（axon）是負責傳遞電訊號的導線，有些軸突的周圍
有髓鞘（myelin sheath）包裹著，有些則無。擁有髓鞘的神經纖
維叫作「有髓神經纖維」，無髓鞘者則稱作「無髓神經纖維」。

　　髓鞘不是由神經細胞構成，而是由其他細胞的細胞膜層層包裹
而成，不會導電。換言之，髓鞘可視為絕緣體。髓鞘並非從頭到
尾裹住軸突，而是分成許多節。節與節之間有凹陷，凹陷處會露
出軸突。有髓神經纖維的電訊號僅在凹陷處之間跳躍式傳導，所
以有髓神經纖維的訊號傳遞速度比無髓神經纖維還要快。舉例來
說，疼痛與氣味等感覺由無髓神經纖維傳遞，傳遞速度為每秒
0.5～2公尺；另一方面，運動神經由有髓神經纖維構成，最快每
秒可達100公尺。

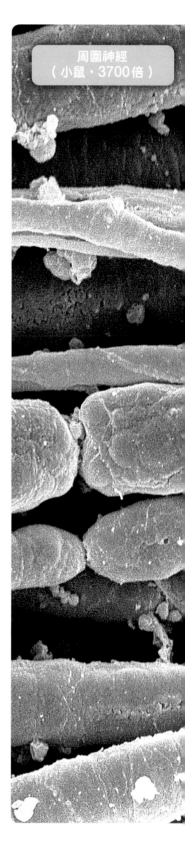

周圍神經
（小鼠，3700倍）

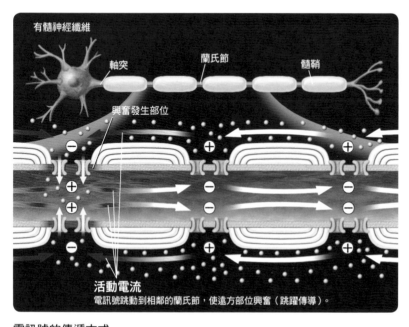

活動電流
電訊號跳動到相鄰的蘭氏節，使遠方部位興奮（跳躍傳導）。

有髓神經纖維

軸突　　蘭氏節　　髓鞘

興奮發生部位

電訊號的傳遞方式
軸突受到刺激後，細胞外的鈉離子（Na⁺）會流入細胞，使該部位的電位出現變化（興奮）。這
會使相鄰部位出現電位差，產生電流，再往下一個部位傳遞。重複這個過程便可讓興奮訊號傳遞
下去。有髓神經纖維上的電訊號可以在凹陷處（蘭氏節，nodes of Ranvier）之間跳躍式傳導，
速度相當快。

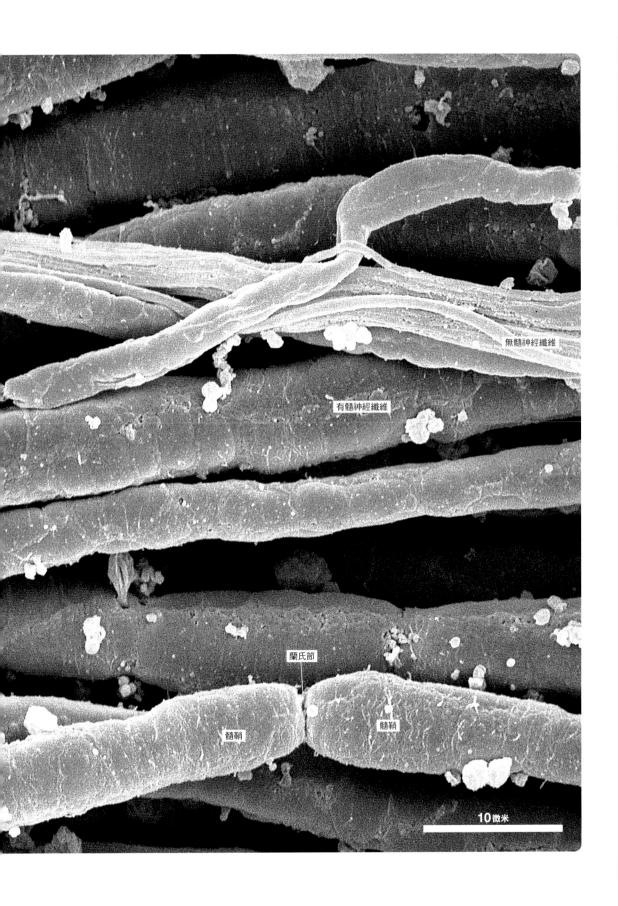

無髓神經纖維

有髓神經纖維

蘭氏節

髓鞘

髓鞘

10微米

覆蓋皮膚的「表皮」 貯藏脂肪的「脂肪細胞」

覆於皮膚表面的「表皮」有保護身體的功能。表皮是由多層細胞所構成，最老舊的細胞會被推到皮膚最表層，變成污垢脫落。

下方照片是人類手指指紋的皮膚表面。「角質細胞」是構成表皮的細胞之一，呈交互堆疊的層狀結構（照片中將不同層的細胞著上不同顏色）。角質細胞表面的紋路，是脫落的上層細胞所留下的輪廓痕跡。

右頁上方的照片是脂肪細胞（白色脂肪細胞）。由脂肪細胞聚集而成的「脂肪組織」廣布於身體各處，譬如皮下（特別是腹部和臀部）、內臟與血管周圍、女性乳房等。這些脂肪組織具有物理緩衝作用，也有隔熱效果。

變胖時，脂肪細胞的數目與大小也會增加（參考第140頁）。1 個成人擁有的脂肪細胞個數約250～300億個，不過這個數目會因個體而有所不同，也有人認為這是影響變胖難易度的因素之一。

人類手指（角質細胞）

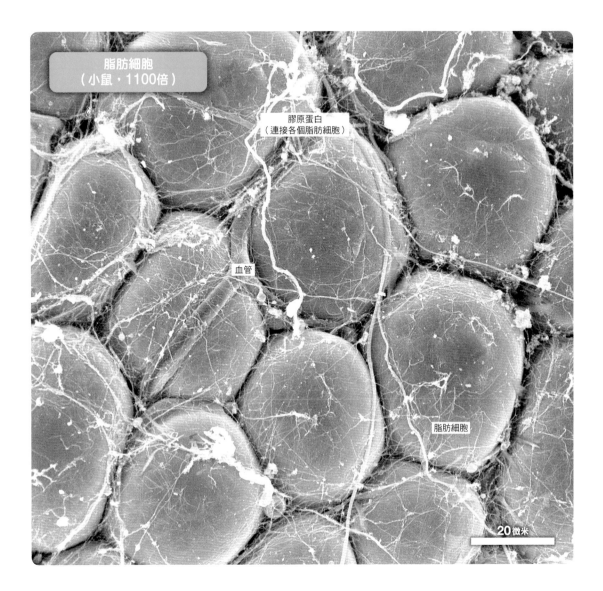

脂肪細胞
（小鼠．1100倍）

膠原蛋白
（連接各個脂肪細胞）

血管

脂肪細胞

20微米

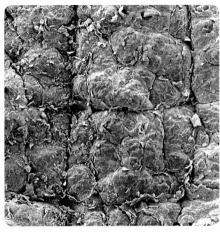

人類的
腳跟與手腕

最左圖為人類腳跟的
表皮照片。腳跟的表
皮由許多鱗片般的細
胞組成，層狀結構比
手指的表皮還要厚。
左右兩邊的洞是汗腺
的開口處。左圖為人
類手腕的表皮，縱向
與橫向的線是皮膚上
的小皺紋。

白血球

運送氧氣的「紅血球」
保護身體的「白血球」

血管就像尖峰時段的道路一樣，有許多血球在血管內移動。呈中央凹陷圓盤狀的「紅血球」（erythrocyte）是血管內最多的細胞。紅血球負責將氧氣送至身體內各個角落。

幾乎所有的細胞都會有細胞核，然而，哺乳類的紅血球卻是脊椎動物當中唯一捨去細胞核的細胞。紅血球內也沒有粒線體、內質網等結構，其內部只有細胞質裡面含有大量會與氧氣結合的「血紅素」（hemoglobin）。扁平的紅血球十分柔軟，可以靈活地改變形狀、彎曲扭轉，藉此輕易通過直徑比自己還要小的微血管。

「白血球」（leukocyte）是另一種常見的血球，種類繁多，包括顆粒球（嗜中性球，neutrocyte）、單核球（monocyte）、淋巴球（lymphocyte）等。以嗜中性球為例，當它們知道有病原體等異物侵入人體內時，就會穿過血管壁，朝著目標組織前進，吞食這些異物加以破壞。

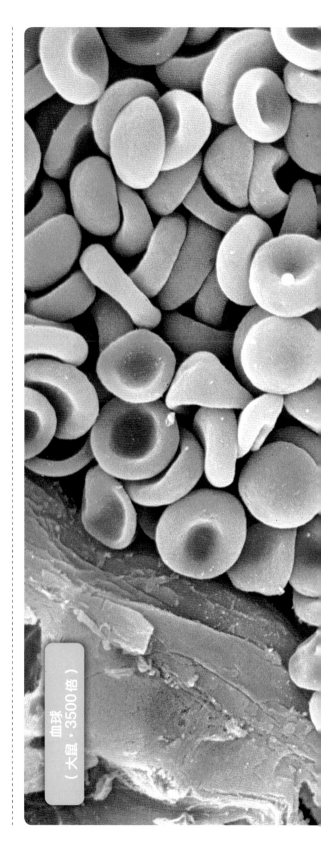

血球
（大鼠・3500倍）

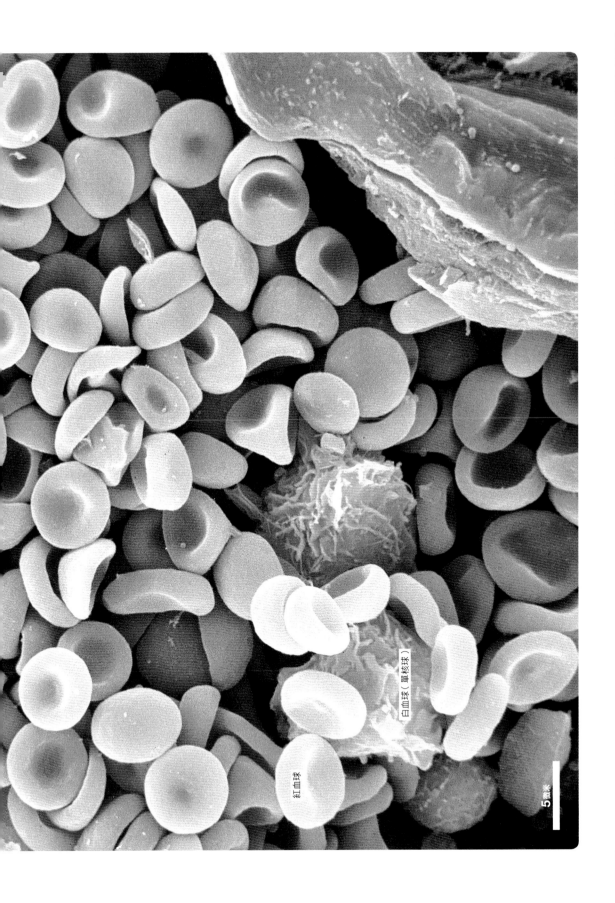

白血球（單核球）

紅血球

5 微米

過濾淋巴液的 「淋巴結」

「淋巴結」（lymph node）散布於頸部、腋下、鼠蹊部等處，右方照片是淋巴結內部的模樣。淋巴結是大小和紅豆差不多的裝置，負責過濾流經全身的「淋巴液」。從微血管滲入組織的血漿（占血液體積55%的液體成分）進入淋巴管之後就稱作淋巴液，包含來自細胞的老舊廢物、多餘水分，還混有來自外界的病原體等異物。

侵入體內的異物會順著淋巴液流到淋巴結。淋巴結內有巨噬細胞與淋巴球（白血球的一種）等細胞駐守。巨噬細胞發現異物時，就會抓住它們，將其吞食並消滅。接著巨噬細胞會將吞食的異物資訊傳遞給淋巴球。獲得相關資訊的淋巴球會釋出「抗體」攻擊或吞食異物（參考第166頁）。這種合作模式每天守護著我們的身體。另外，如果淋巴液由於某些原因停止流動的話，身體就會出現水腫等症狀。

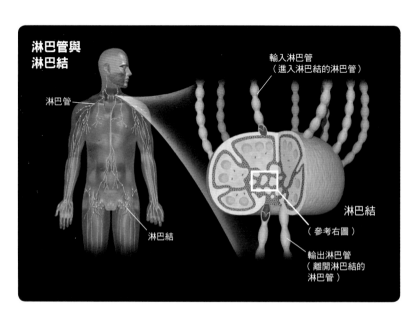

淋巴管與淋巴結

淋巴管

輸入淋巴管
（進入淋巴結的淋巴管）

淋巴結

淋巴結
（參考右圖）

輸出淋巴管
（離開淋巴結的淋巴管）

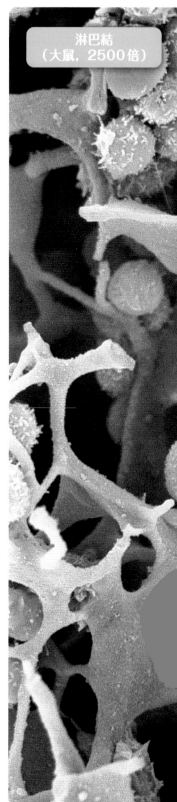

淋巴結
（大鼠，2500倍）

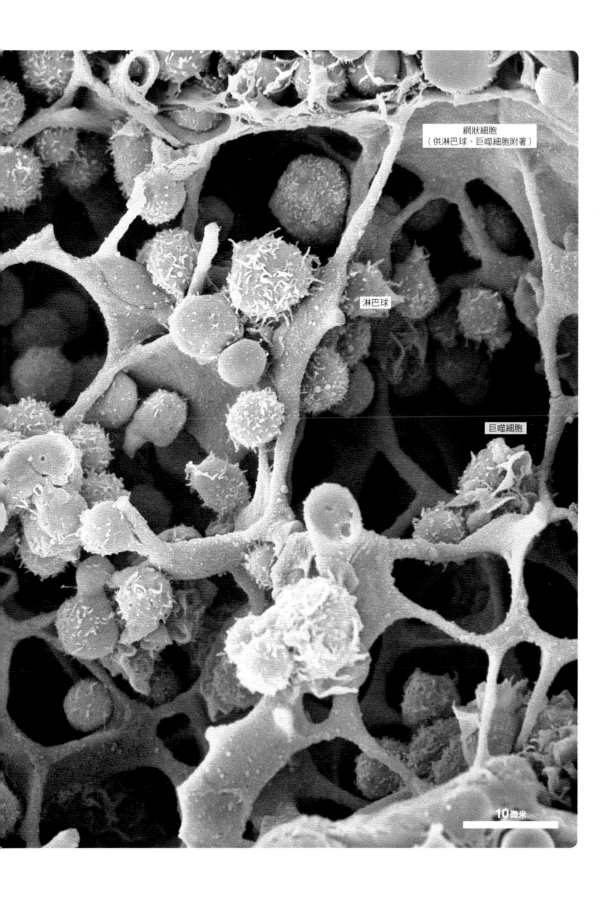

網狀細胞
（供淋巴球、巨噬細胞附著）

淋巴球

巨噬細胞

10微米

合成、分泌激素的「腦垂體」

（大鼠，5萬9000倍）

腦 內有個名為「腦垂體」（hypophysis）的器官。腦垂體可分為前葉、中葉、後葉。本跨頁圖為腦垂體前葉中某個細胞內部的電子顯微鏡照片。

前葉細胞內有許多囊泡（分泌囊泡）。囊泡內含有激素。順著血液流至體內各處，負責調節特定內臟、器官功能的物質就統稱為激素。

前葉會分泌數種名為「刺激激素」（stimulating hormone）的激素，可控制身體其他部位分泌的激素量。也就是說，腦垂體是體內激素的總指揮。

除此之外，前葉還會分泌「生長激素」（growth hormone）。正如其名所示，生長激素可以促進個體出生後的成長。如果成長期間生長激素不足就會造成侏儒症，過多則會造成巨人症。

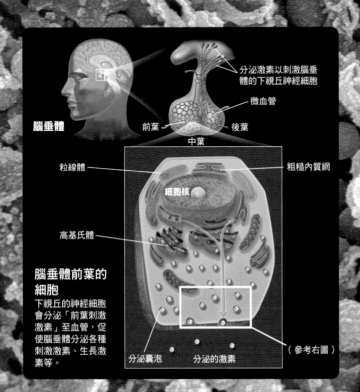

分泌激素以刺激腦垂體的下視丘神經細胞

微血管

腦垂體 前葉 後葉

中葉

粒線體

粗糙內質網

細胞核

高基氏體

腦垂體前葉的細胞
下視丘的神經細胞會分泌「前葉刺激激素」至血管，促使腦垂體分泌各種刺激激素、生長激素等。

分泌囊泡 分泌的激素 （參考右圖）

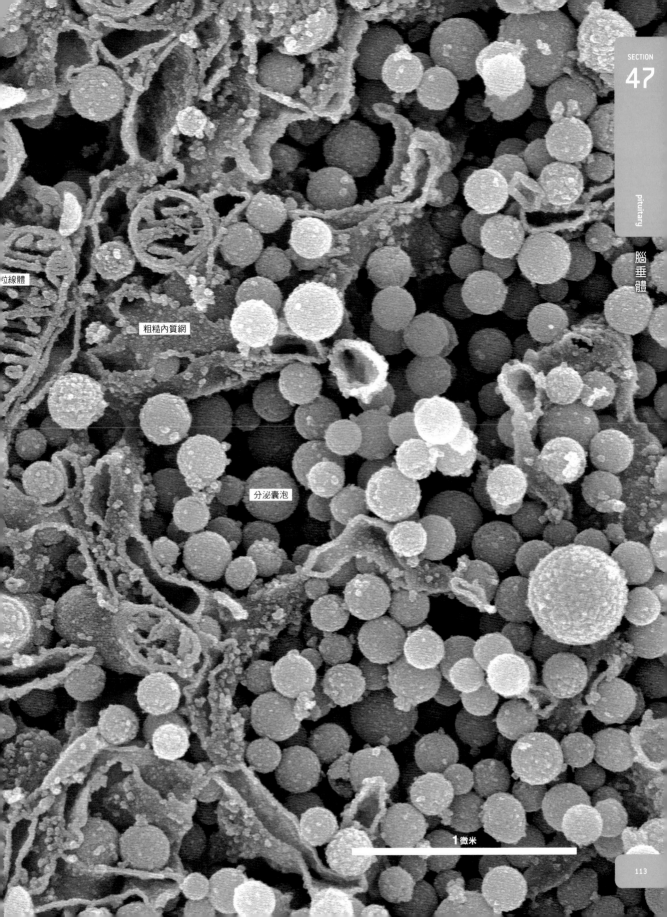

粒線體

粗糙內質網

分泌囊泡

1微米

感知光線明暗的「視桿細胞」

眼睛的「視網膜」（retina）上有2種感應光線的視覺細胞：感知明暗的「視桿細胞」（rod cell）與認知顏色的「視錐細胞」（cone cell）。因為這2種細胞同時存在於視網膜上，我們才可以「看到」東西。

視桿細胞有一個圓球狀的細胞體（右頁照片中的粉色部分），還有延伸而出的細長突起。照片中，突起的黃色部分為「內節」（inner segment），綠色部分為「外節」（outer segment）。

右頁下方的照片中，內節與外節之間有個界線。尤其是外節的部分相當特殊，雖然和內節屬於同一個細胞，看起來卻像是從細胞「長出來」的東西。另外，照片中有部分外節細胞膜脫落的情形，故可看見內部為相疊的圓板結構。這是細胞膜往內凹陷形成的結構，膜上有名為「視紫質」（rhodopsin）的蛋白質，其結構會隨著光線而改變。

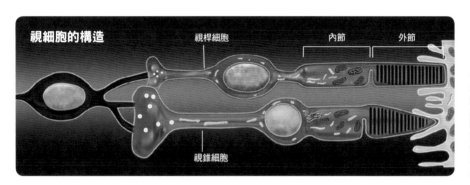

視細胞的構造

視桿細胞　　內節　　外節

視錐細胞

小鼠的水晶體（↓）
水晶體的功能類似相機的鏡頭，透明且有一定硬度與彈性。水晶體可以在周圍肌肉的拉動下伸縮，調整對焦位置。外觀看起來像是透明的玻璃透鏡，但其實是由許多扁平的細胞層層堆疊而成。

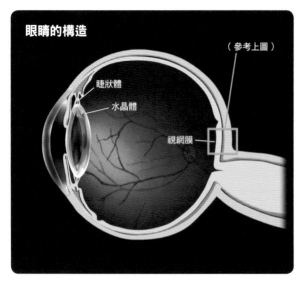

眼睛的構造

睫狀體

水晶體

視網膜

（參考上圖）

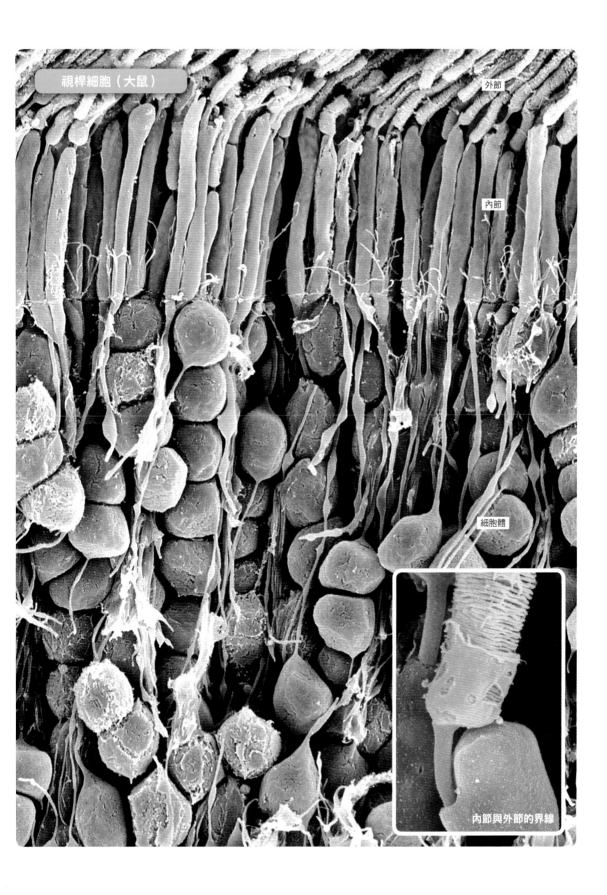

視桿細胞（大鼠）

外節

內節

細胞體

內節與外節的界線

接收聲音並轉換成電訊號

右 頁照片為耳朵將接收到的聲音轉換成電訊號的實況。排列成 V 字形的毛叫作「聽毛」（感覺毛）。

耳朵大致上可以分成鼓膜（eardrum）以外的「外耳」、鼓膜以內的「中耳」，以及位於顳骨內的「內耳」（參考下圖）。聽毛長在內耳毛細胞的頭部，平常有覆膜（tectorial membrane）蓋在上方。這張照片是拿掉覆膜之後拍攝而得。

聲音是空氣的振動。空氣的振動會先使鼓膜振動，接著鼓膜的振動再傳到鼓膜深處的「聽小骨」（ossicles）。聽小骨內含的三個骨頭可以在傳遞聲音的過程中放大聲音，再傳遞至深處的「耳蝸管」（cochlear canal）。耳蝸管是位於「耳蝸」（cochlea）內部的通道，形似蝸牛，裡面充滿了淋巴液。聽小骨的振動會轉變成淋巴液的振動，使耳蝸管內部的毛細胞與覆膜搖動。聽毛會因此傾斜，造成毛細胞興奮，將電訊號傳遞給神經。

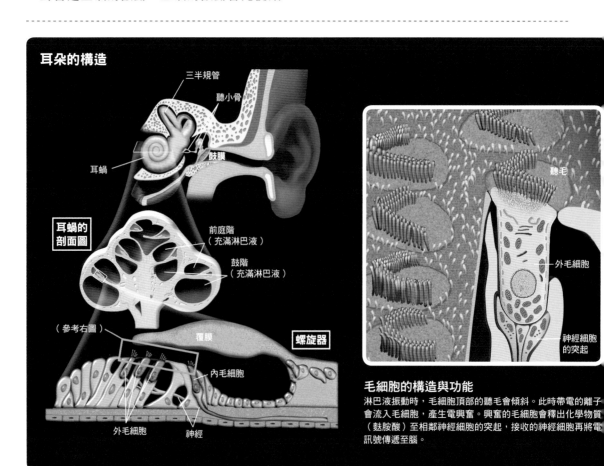

耳朵的構造

三半規管
聽小骨
耳蝸
鼓膜

耳蝸的剖面圖

前庭階（充滿淋巴液）
鼓階（充滿淋巴液）

（參考右圖）
覆膜
螺旋器
內毛細胞
外毛細胞　神經

聽毛
外毛細胞
神經細胞的突起

毛細胞的構造與功能
淋巴液振動時，毛細胞頂部的聽毛會傾斜。此時帶電的離子會流入毛細胞，產生電興奮。興奮的毛細胞會釋出化學物質（麩胺酸）至相鄰神經細胞的突起，接收的神經細胞再將電訊號傳遞至腦。

毛細胞與聽毛
（小鼠・4400倍）

外毛細胞

聽毛

外毛細胞

外毛細胞

內毛細胞

5微米

交換二氧化碳與氧氣

如　同照片所示，肺的外觀就像海綿一樣。「氣管」是空氣的通道，分成左右「支氣管」，接著在肺內分成無數更細的分支「細支氣管」。細支氣管的終點是球形小房間「肺泡」（alveolus）的集合。肺泡直徑約0.2毫米，左右兩肺共有約2～7億個肺泡。

　　肺會進行氣體交換。我們吸進體內的空氣送到肺泡後，其中的氧氣會滲入肺泡壁，被肺泡壁微血管內的紅血球抓住。另外，順著體內血流搬運的二氧化碳，則會從肺泡壁滲出至肺泡內，再排出體外。

　　成人單個肺的肺泡壁總表面積可達50～70平方公尺，相當於1戶2房1廳的住宅面積。

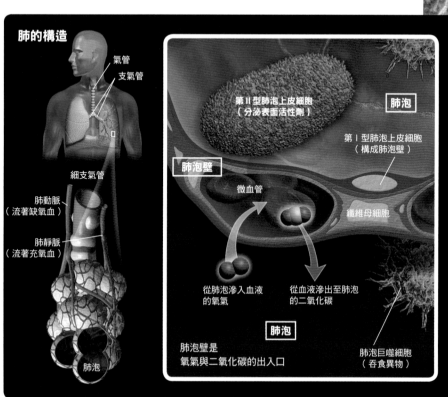

肺的構造

氣管
支氣管

細支氣管

肺動脈
（流著缺氧血）

肺靜脈
（流著充氧血）

肺泡

第Ⅱ型肺泡上皮細胞
（分泌表面活性劑）

第Ⅰ型肺泡上皮細胞
（構成肺泡壁）

肺泡

肺泡壁

微血管

纖維母細胞

從肺泡滲入血液的氧氣

從血液滲出至肺泡的二氧化碳

肺泡

肺泡壁是
氧氣與二氧化碳的出入口

肺泡巨噬細胞
（吞食異物）

血管

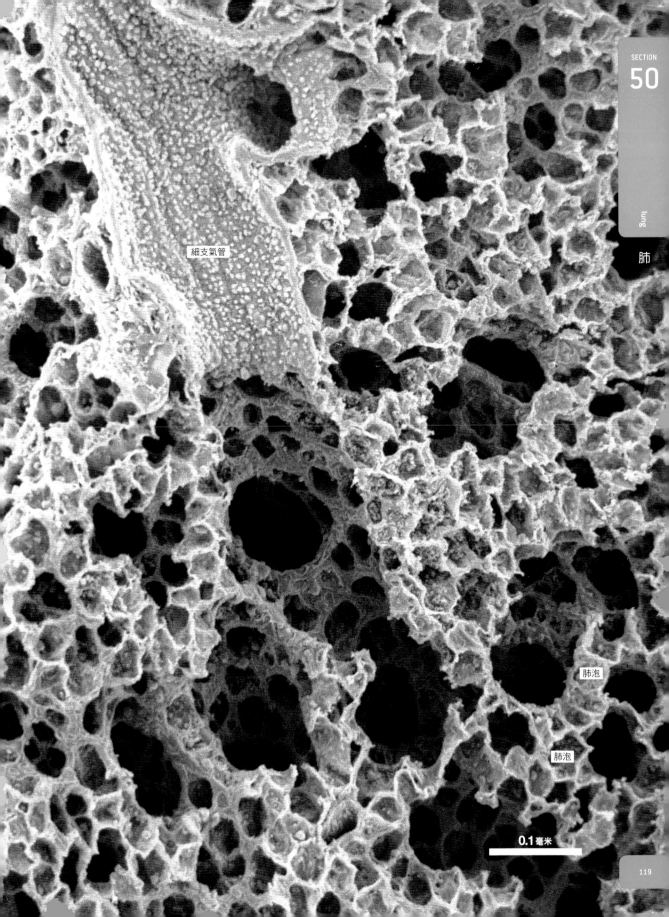

細支氣管

肺泡

肺泡

0.1毫米

為食物殺菌並分解蛋白質

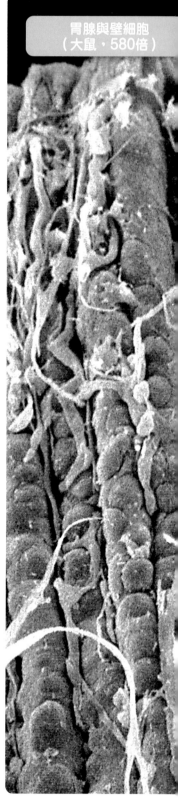

胃腺與壁細胞
（大鼠，580倍）

胃 是由具伸縮性的肌肉壁構成的袋狀器官。空腹時胃會收縮成細長狀，當有食物進入時則會膨脹變大。

胃壁（胃的內壁）表面有「胃腺」（gastric gland），會分泌強酸性的胃液（gastric juice）。其酸性源自於胃腺中「壁細胞」（parietal cell）所製造的鹽酸。進到胃內的食物透過胃酸殺菌的同時，蛋白質也會變性，變得更容易消化。

胃會持續規律地收縮，混合胃液與食物。胃液當中含有可消化蛋白質的「胃蛋白酶」（pepsin）。一般的酶在強酸環境下其性質會改變導致無法作用，不過胃蛋白酶唯有在強酸之中才會發揮其功能。因此胃才得以消化蛋白質，將食物轉變成濃稠的粥狀後，再一點一點地送至小腸。

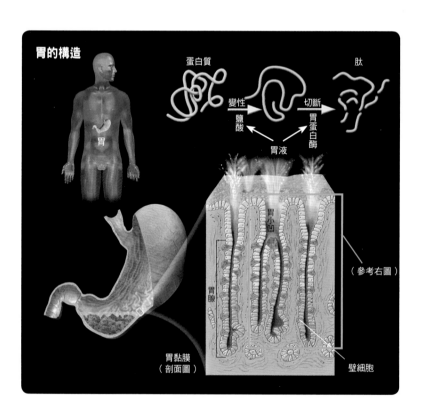

胃的構造

蛋白質　　　　　　　　　肽

變性　　切斷

鹽酸　　胃蛋白酶

胃液

（參考右圖）

胃小凹

胃腺

胃黏膜
（剖面圖）

壁細胞

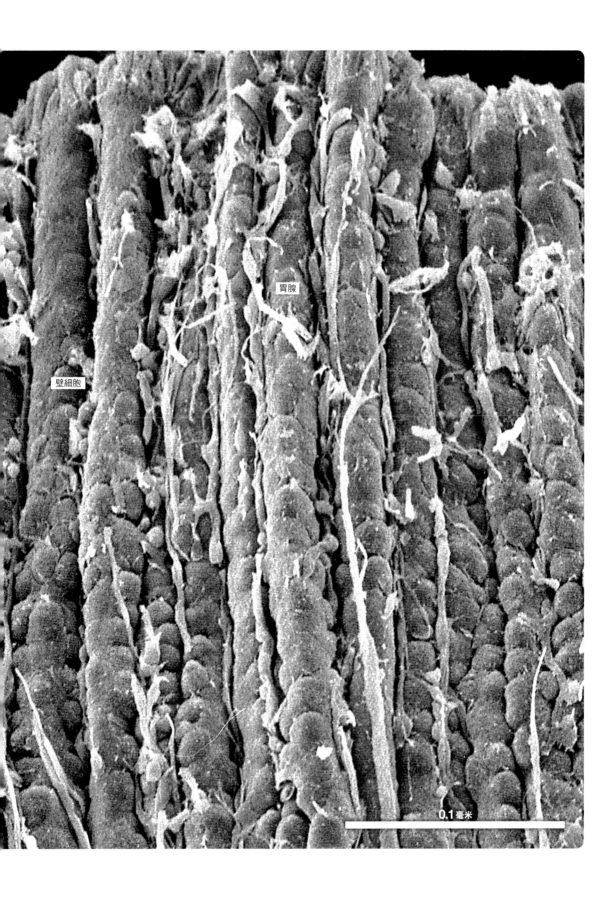

胃腺

壁細胞

0.1毫米

調節血糖濃度的激素工廠

照片中的美麗球體叫作「胰島」。胰島遍布整個胰臟，包埋在細胞之間，成人擁有的胰島數約有100萬個。另外，胰島也叫作蘭氏小島，源自於發現者的名字「蘭格漢斯」（Paul Langerhans，1847～1888），叫作「島」則是因為胰島在光學顯微鏡的平面影像中看起來就像海上小島一樣。

胰臟有兩個重要功能。其中一個是外分泌部可合成消化液「胰液」（pancreatic juice）並分泌至小腸。胰液呈弱鹼性，與來自胃的食物混合後，可以中和強酸性的胃液。另外，胰液內含的消化酶能夠分解碳水化合物、蛋白質與脂質。

另一個功能是由胰島分泌調節血糖濃度的激素。當胰島外側的微血管偵測到血糖濃度偏高時，胰島的 β 細胞就會合成、分泌能夠降低血糖濃度的「胰島素」。相對地，當血糖濃度偏低時，胰島的 α 細胞會合成、分泌能夠提升血糖的「升糖素」（參考第46頁）。若由於某些原因導致胰島素的功能減弱，就會使血糖濃度一直處於過高的狀態，即所謂的「糖尿病」。

胰島
（天竺鼠，940倍）

外分泌部
（合成、分泌胰液）

胰臟的構造

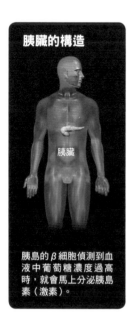

胰臟

胰島的 β 細胞偵測到血液中葡萄糖濃度過高時，就會馬上分泌胰島素（激素）。

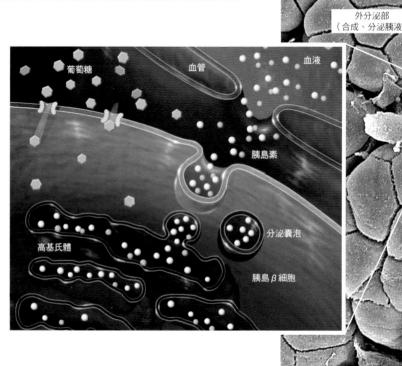

葡萄糖　　血管　　血液

胰島素

分泌囊泡

高基氏體　　　　　　　胰島 β 細胞

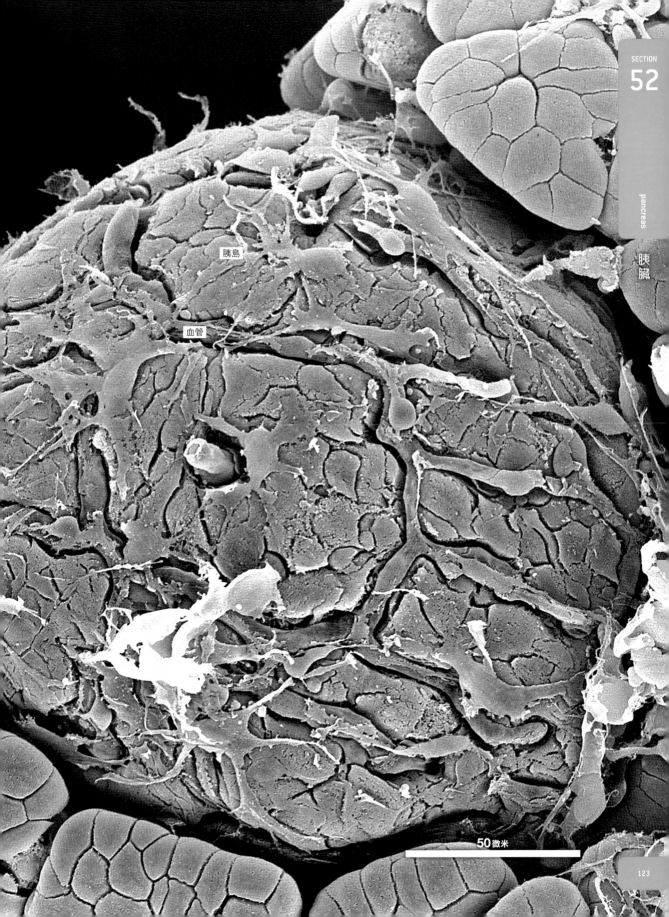

胰島

血管

50微米

負責吸收養分的「小腸」

小
腸

小　腸內壁表面有許多微小的皺襞（環狀皺襞，plicae circulares）。將皺襞放大可以看到許多高約0.5～1.5毫米的突起結構緊密地排列在一起。這些微小的突起叫作「絨毛」（villus）。負責吸收養分的小腸內壁面積越大，吸收效率越高。絨毛結構可以讓小腸內壁變得凹凸不平，以增加其表面積。

若將絨毛表面進一步放大，可以看到密集的「微絨毛」（microvilli）。小腸內負責吸收養分的吸收上皮細胞具有微絨毛，是長約0.001毫米（1微米）的細胞突起。微絨毛上埋有各式各樣的消化酶。在這些酶的作用下，碳水化合物、蛋白質會分別分解成最小單位的單醣與胺基酸。經過這個最終消化階段後，我們吃下的碳水化合物與蛋白質就會被身體吸收。

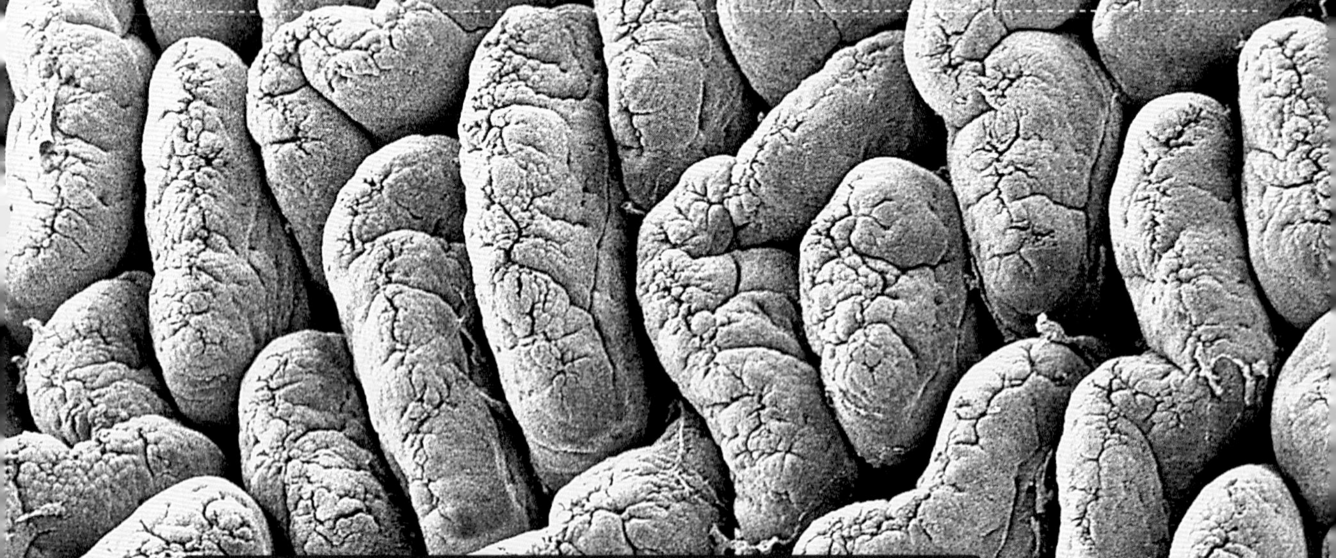

小腸的構造

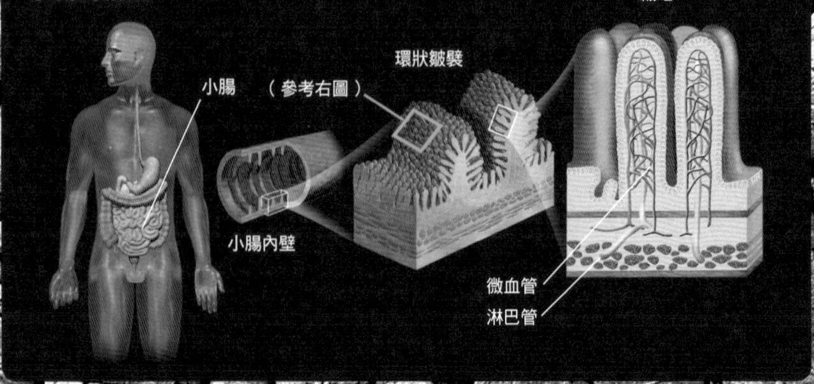

小腸

（參考右圖）

環狀皺襞

絨毛

小腸內壁

微血管

淋巴管

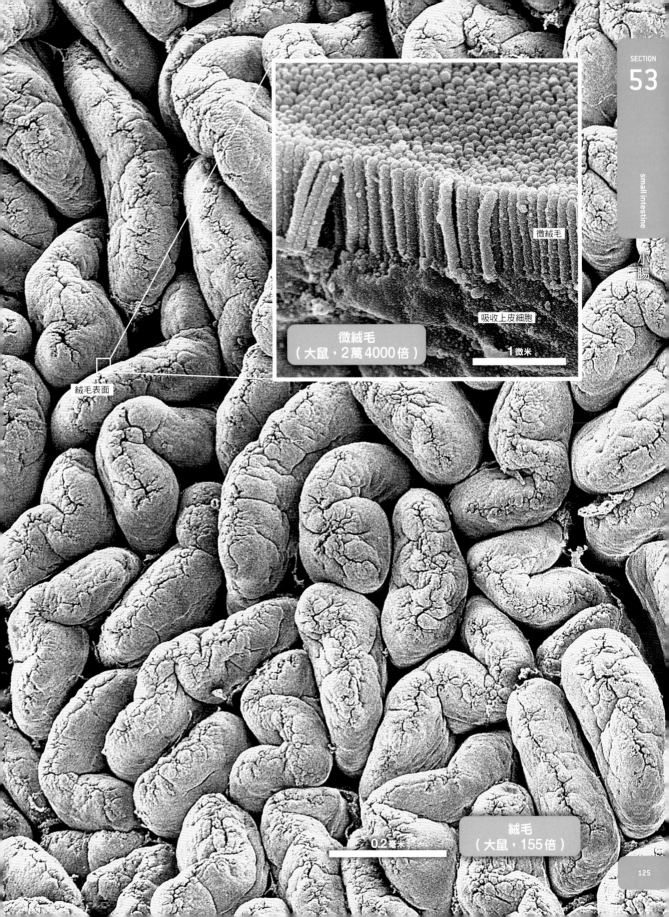

微絨毛

吸收上皮細胞

微絨毛
（大鼠，2萬4000倍）

1微米

絨毛表面

絨毛
（大鼠，155倍）

0.2毫米

負責貯藏糖並
生成膽汁

用電子顯微鏡觀察肝臟時，可以看到許多條微血管（藍色）包圍著「肝細胞」（照片中的淺棕色部分）。面向肝細胞的微血管壁有許多開孔。透過這些孔洞，肝細胞可以獲取血液中的各種物質並加以處理，或者視情況將某些物質釋放至血液中。

用餐後，血液中含有大量葡萄糖（單醣），肝細胞可以將其吸收並轉換成肝糖（多醣）貯藏。需要的時候，肝臟可將這些肝糖分解成葡萄糖，釋放至血液中。

另外，肝細胞表面有許多細溝狀的「微膽管」（bile capillaries）。肝細胞所製造的膽汁（bile）可經由這些微膽管送至膽囊（gallbladder），並在此處濃縮。當食物從胃往小腸移動時，濃縮後的膽汁就會釋放至小腸。膽汁是消化脂質時不可或缺的消化液。

在肝臟工作的細胞

肝細胞有許多功能，包括貯存糖、合成膽汁、分解酒精等。50萬個左右的肝細胞會集合成直徑約 1 毫米的「肝小葉」（hepatic lobule）。另外，肝臟微血管的內外，分別有能吞食異物及老化紅血球並加以分解的庫佛氏細胞以及貯藏維生素A的伊東細胞等。

肝臟的構造

肝臟

下大靜脈
降主動脈

右葉　　　左葉

小葉下靜脈
中央靜脈

肝小葉
（構成肝臟
的單位）

肝動脈

肝門靜脈

膽管
（運送膽汁的路徑）

微膽管

伊東細胞

庫佛氏細胞
（肝臟的巨噬細胞）

竇狀微血管

肝細胞

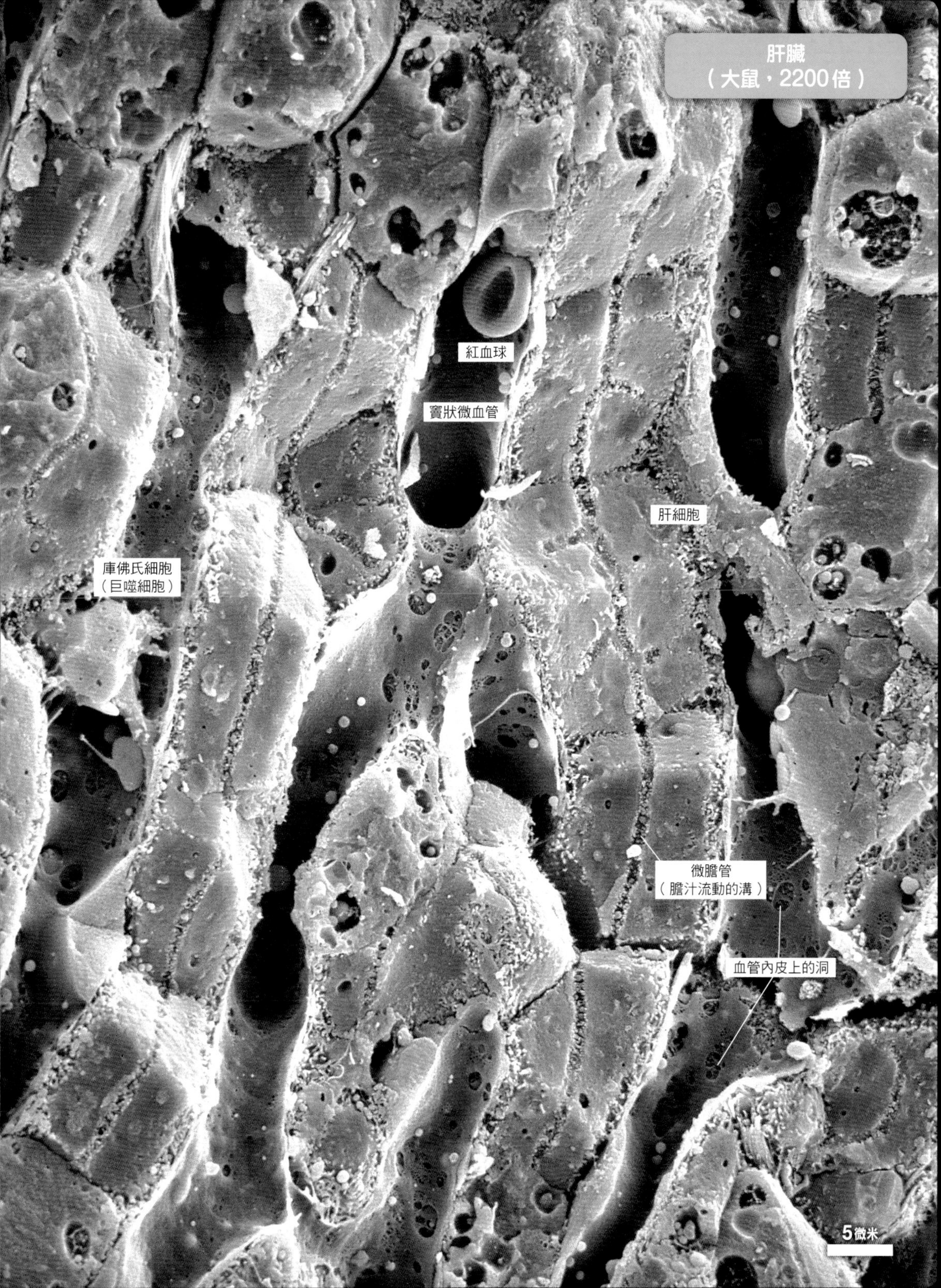

肝臟
（大鼠，2200 倍）

紅血球

竇狀微血管

肝細胞

庫佛氏細胞
（巨噬細胞）

微膽管
（膽汁流動的溝）

血管內皮上的洞

5微米

過濾血液製造尿液的「腎臟」

腎 臟內部有許多名為「腎小體」（renal corpuscle）的尿液過濾裝置（參考下圖）。這種裝置是由微血管網形成的「腎絲球」（glomerulus）以及包住腎絲球的袋狀結構鮑氏囊所構成。腎絲球會濾出微血管中血液的液體成分（血漿），使其滲入鮑氏囊內，成為尿的原料 ——「原尿」。

腎絲球的微血管網表面覆有許多「足細胞」（podocytes）。過濾器是由足細胞足與足之間的縫隙、血管內皮的許多開孔，以及夾在兩者之間的基底膜（basement membrane）共同組成。血液經此過濾器過濾之後，得到的水分與小分子即為原尿的成分。

接著，由「腎小管」（renal tubule）將原尿內的糖與胺基酸等成分再吸收，並濃縮氨等老舊廢物，最後才形成尿液。另外，腎絲球一旦損壞就無法再生，嚴重時會引發腎衰竭，需要進行血液透析（洗腎）。

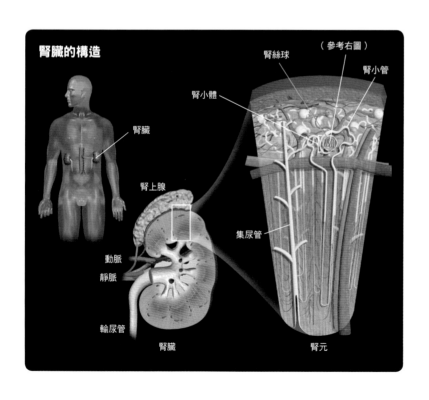

腎臟的構造

腎臟

腎小體

腎絲球

（參考右圖）

腎小管

腎上腺

集尿管

動脈

靜脈

輸尿管

腎臟

腎元

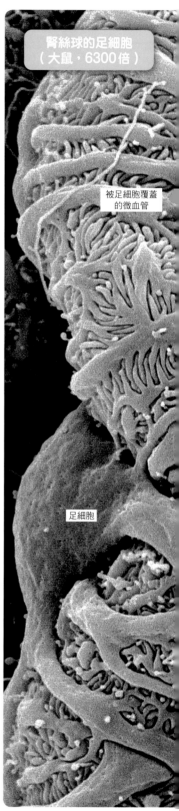

腎絲球的足細胞
（大鼠，6300倍）

被足細胞覆蓋
的微血管

足細胞

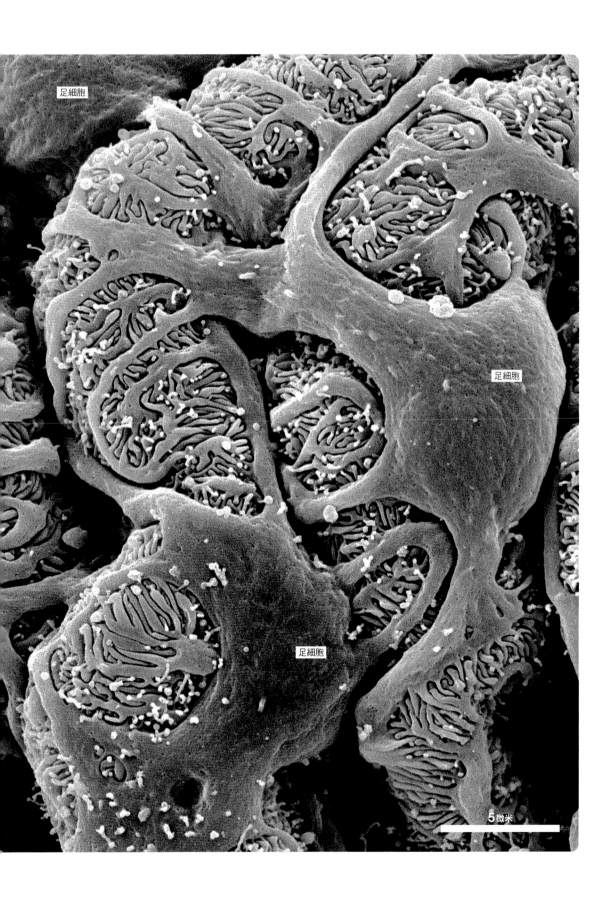

足細胞

足細胞

足細胞

5微米

製造精子的「睪丸」
製造卵子的「卵巢」

下方照片是製造精子的睪丸（**A**），可以看到管狀「細精管」（seminiferous tubule）的剖面中央有許多才剛製造出來的精子。

形似葡萄的物質（黃色）是製造雄性激素的「萊迪希氏細胞」。

精子是由精原細胞（spermatogonium）分裂而成。位於細精管管壁的精原細胞會在減數分裂的過程中逐漸往細精管內側移動，最後分裂完成的細胞變形成長出尾巴的精子。成人男性 1 天可以製造數億個精子。

相對於可以量產的精子，卵子只能在卵巢內一個一個慢慢製造。卵巢內減數分裂中的卵母細胞為上皮細胞包裹著，以「濾泡」（follicle）的形式存在（**B**）。當卵逐漸成熟，周圍的上皮也隨之增厚，形成顆粒層。

排卵時，從卵巢排出的未受精卵子周圍還有許多顆粒層細胞包圍。這些細胞可提供卵子營養、類似雌性激素的物質等，幫助受精前後的卵子完成受精過程。

精子抵達卵子時，會破壞覆蓋卵子的顆粒層細胞與透明帶，進行受精。

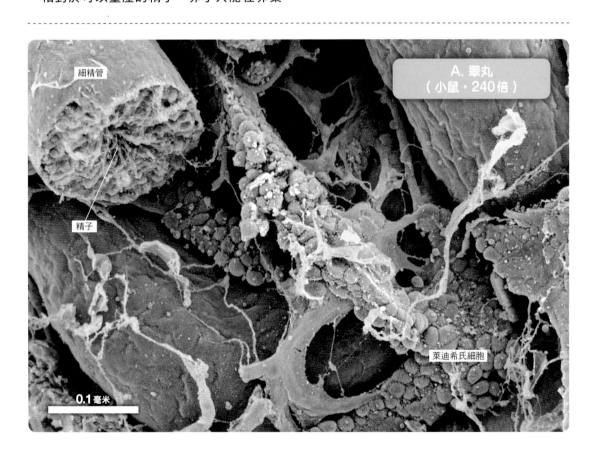

細精管

A. 睪丸
（小鼠，240 倍）

精子

萊迪希氏細胞

0.1毫米

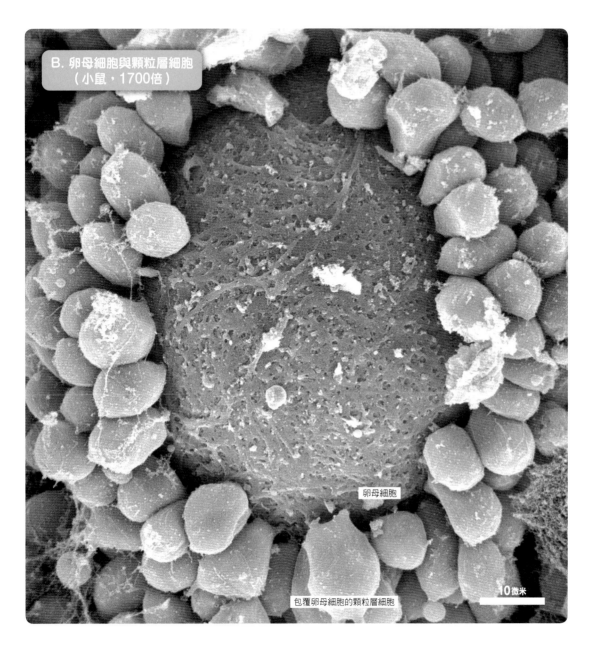

B. 卵母細胞與顆粒層細胞
（小鼠，1700倍）

卵母細胞

包覆卵母細胞的顆粒層細胞

10微米

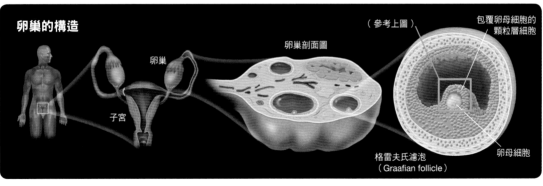

卵巢的構造

子宮

卵巢

卵巢剖面圖

（參考上圖）

包覆卵母細胞的
顆粒層細胞

格雷夫氏濾泡
（Graafian follicle）

卵母細胞

COLUMN

「腸」是起源
最早的器官

我們體內起源最早的器官是什麼呢？答案是「腸」。最原始的腸可以在「水螅」（Hydra）身上看到。水螅是一種結構單純的水生生物（刺絲胞動物，Cnidaria），身長約5毫米，形似圓筒，身體上端有口與觸手。

透過腸內「感應細胞」（基底顆粒細胞，basal granular cell）的功能，腸會分泌適當的酶，消化進入體內的食物；攝入有害物質時，會設法將其排出。感應細胞可藉由上端的毛狀突起（微絨毛）辨別食物成分，再由細胞底部向周圍分泌訊號物質，下達「分泌某種消化酶」等指令。

不是只有脊椎動物（擁有脊椎骨的動物，vertebrates）的腸道系統以感應細胞為核心，如昆蟲、烏賊、章魚、蚯蚓等無脊椎動物（invertebrates）的腸道也同樣擁有感應細胞，這點相當耐人尋味。在演化上，脊椎動物與昆蟲在很久以前便已分家，譬如脊椎動物與昆蟲的眼睛在起源上完全不同。不過脊椎動物與昆蟲的腸道卻是相同的起源。也就是說，不管是脊椎動物還是無脊椎動物，可能都是由類似水螅這種擁有腸道的生物演化而來。

由腸道演變而來
的多種器官

腸道後來還演化出多種器官。譬如貯藏養分的細胞從腸道分離出來，進而成為原始的肝臟。演化成「無頜類」（Agnatha）的動物，負責分泌胰島素的細胞與腸道分離，並在之後演化出胰臟。接著，在魚類演化出頜（下巴）時（軟骨魚類，cartilaginous fishes），腸道前端演化出了暫時貯藏食物的器官，也就是胃。

另外，水螅的腸道有神經細胞，可接收來自感應細胞的資訊，對周圍組織下達指令。某些種類的水螅腸道入口，也就是口的周圍有一圈排列密集的神經細胞。也有研究人員認為，這些神經細胞集合很可能是脊椎動物與昆蟲腦的原型。

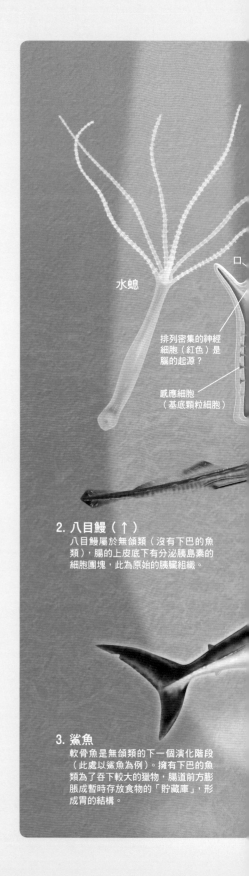

水螅

口

排列密集的神經細胞（紅色）是腦的起源？

感應細胞
（基底顆粒細胞）

2. 八目鰻（↑）
八目鰻屬於無頜類（沒有下巴的魚類），腸的上皮底下有分泌胰島素的細胞團塊，此為原始的胰臟組織。

3. 鯊魚
軟骨魚是無頜類的下一個演化階段（此處以鯊魚為例）。擁有下巴的魚類為了吞下較大的獵物，腸道前方膨脹成暫時存放食物的「貯藏庫」，形成胃的結構。

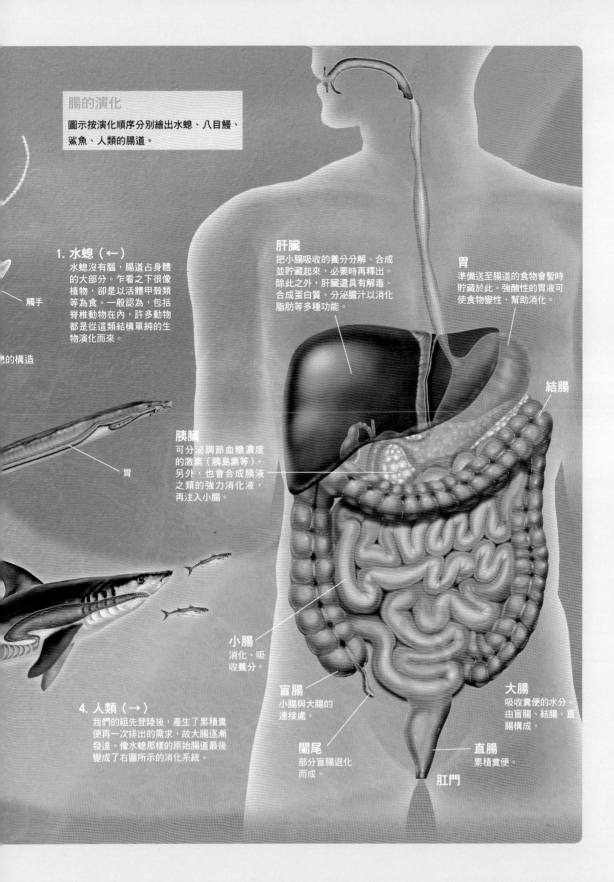

腸的演化

圖示按演化順序分別繪出水螅、八目鰻、鯊魚、人類的腸道。

1. 水螅（←）

水螅沒有腦，腸道占身體的大部分。乍看之下很像植物，卻是以活體甲殼類等為食。一般認為，包括脊椎動物在內，許多動物都是從這類結構單純的生物演化而來。

觸手

的構造

胃

4. 人類（→）

我們的祖先登陸後，產生了累積糞便再一次排出的需求，故大腸逐漸發達。像水螅那樣的原始腸道最後變成了右圖所示的消化系統。

肝臟

把小腸吸收的養分分解、合成並貯藏起來，必要時再釋出。除此之外，肝臟還具有解毒、合成蛋白質、分泌膽汁以消化脂肪等多種功能。

胃

準備送至腸道的食物會暫時貯藏於此。強酸性的胃液可使食物變性，幫助消化。

結腸

胰臟

可分泌調節血糖濃度的激素（胰島素等）。另外，也會合成胰液之類的強力消化液，再注入小腸。

小腸

消化、吸收養分。

盲腸

小腸與大腸的連接處。

大腸

吸收糞便的水分。由盲腸、結腸、直腸構成。

闌尾

部分盲腸退化而成。

直腸

累積糞便。

肛門

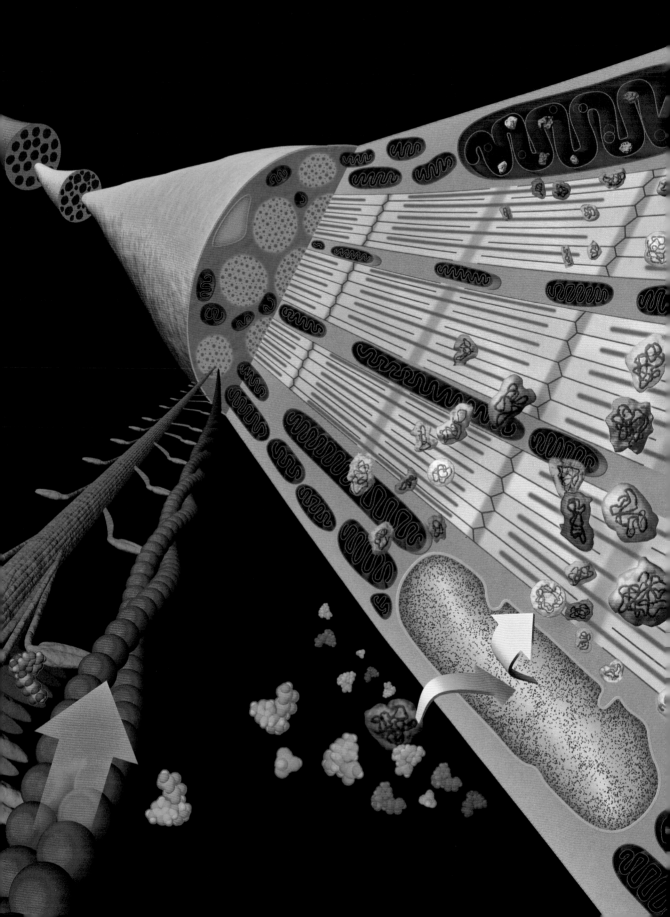

4

細胞與能量
Cell and Energy

有利於生存的功能
造成現代人肥胖

在 過去人類仰賴狩獵與採集的時代，要確保糧食的供應穩定並非易事，有時甚至會遇到連續好幾天沒有進食的狀況。為了在這種嚴酷的環境中存活，人類從食物當中吸收的營養素若有多餘的部分，就必須以脂肪的形式貯藏在體內。當糧食不夠充分時，便可以藉此來維持生理運作，所以這方面的相關機制非常發達（多數動物都具備類似的功能）。

不過到了現代，人類卻飽受這個機制所苦。

在獲得糧食相對容易的現今，反而造成人類「肥胖」。

所謂的肥胖，指的是體內囤積了過多脂肪的狀態。「BMI」（Body Mass Index，身體質量指數）是常用的肥胖指標，可由體重（公斤）÷身高（公尺）^{2}求得。依照衛生福利部國民健康署建議，我國成人BMI值的標準為：未滿18.5者為體重過輕，18.5至24為體重正常，24以上則為肥胖。

狩獵、採集時代的人類

在糧食不易取得的年代，對人類來說，將多餘營養素貯藏在體內是十分重要的機制。反觀在營養過剩的現代，原本用來救命的脂肪倒成了麻煩的負擔。

研究顯示，體重過重或是肥胖（BMI≧24）為糖尿病、心血管疾病、惡性腫瘤等慢性疾病的主要風險因素。日本也有統計資料顯示，BMI超過25時，誘發「死亡四重奏」（肥胖的同時又有糖尿病、高血壓、高血脂的情況）的機率會變成2倍。另外，世界衛生組織（WHO）與「肥胖大國」美國定義25以上為「體重過重」，30以上為「肥胖」。

酵素可將營養素
逐步分解成小分子

米、麵包、麵類食物中的碳水化合物（醣類）是身體主要的能量來源。碳水化合物從口進入，經過胃、十二指腸時，分子內的鍵結會被各種消化酶切斷，然後由小腸分解成單醣（葡萄糖等）並將其吸收。

葡萄糖可透過血管運送至全身。肌肉、肝臟可將其轉換成肝糖，暫時貯存起來。多餘的葡萄糖會被白色脂肪細胞（白色脂肪細胞，white adipose tissue）吸收、轉換成「脂肪酸」（fatty acid）。再以此為材料合成「三酸甘油酯」（triglyceride）。這就是醣類轉變成脂肪的過程。

肉、魚、蛋等內含豐富蛋白質，消化酶會將其分解成胺基酸，再由小腸吸收。胺基酸可經由血液運送至全身，於身體各處重新合成蛋白質（成為建構身體的材料）。多餘的胺基酸會循著血液來到肝臟，部分轉變成葡萄糖。和碳水化合物一樣，多餘的蛋白質也會轉換成脂肪，累積在體內。

所謂的脂質就是「油」，可作為細胞膜的材料等。脂質大部分是三酸甘油酯，各種酶可將其分解成脂肪酸與單酸甘油酯（monoglyceride），再由小腸吸收。之後，在小腸細胞內合成三酸甘油酯，存於顆粒狀的「乳糜微粒」（chylomicron），

經由淋巴管進入血液之中。乳糜微粒隨著血流來到白色脂肪細胞後，以脂肪的形式貯存起來。

這表示，碳水化合物、蛋白質、脂質都可以轉換成脂肪。血糖濃度下降時、體內貯藏的脂肪會陸續分解成脂肪酸，作為能量來源。即使我們不進食也能活動一段時間，就是多虧了這個機制。

營養素的分解與吸收

圖為身體攝取的營養素被分解、吸收的過程。由小腸吸收的營養素之中，脂質與部分維生素會進入淋巴管，再與血液匯合，運送至全身。其他養分則是直接流入血管，運送至全身。

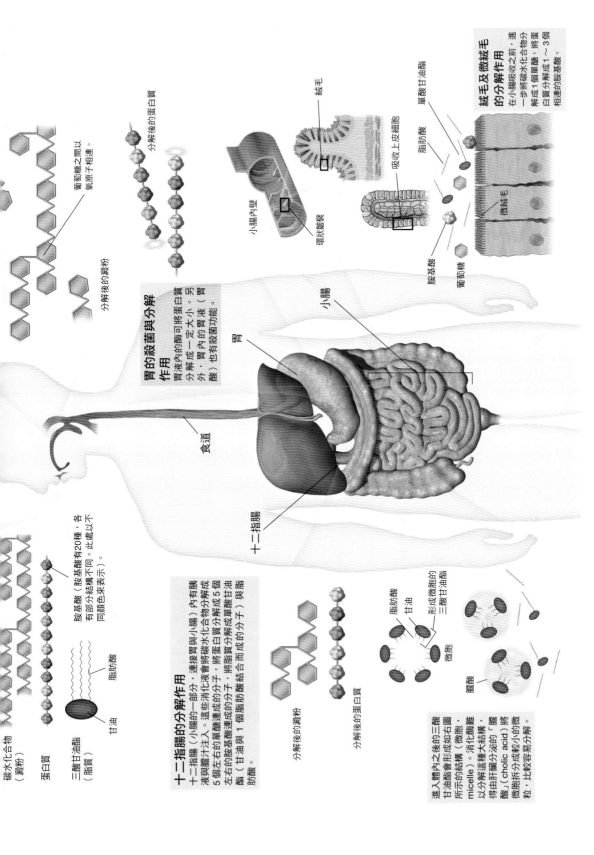

葡萄糖之間以
氧原子相連。

分解後的蛋白質

分解後的澱粉

絨毛

小腸內壁

環狀皺襞

吸收上皮細胞

脂肪酸

單酸甘油酯

絨毛及微絨毛的分解作用

在小腸吸收之前，進一步將碳水化合物分解成 1 個單醣，將蛋白質分解成 1～3 個相連的胺基酸。

微絨毛

胺基酸

葡萄糖

胃的殺菌與分解作用

胃液內的酶可將蛋白質分解成一定大小。另外，胃內的胃液（胃酸）也有殺菌功能。

小腸

胃

食道

十二指腸

碳水化合物
（澱粉）

蛋白質

胺基酸（胺基酸有20種，各有部分的結構不同。此處以不同顏色來表示）。

三酸甘油酯
（脂質）

甘油

脂肪酸

十二指腸的分解作用

十二指腸（小腸的一部分，連接胃與小腸）內有胰液與膽汁注入。這些消化液會將碳水化合物分解成5個左右的單醣連成的分子，將蛋白質分解成5個左右的胺基酸連成的分子，將脂肪分解成單酸甘油酯（甘油與1個脂肪酸結合）與脂肪酸。

分解後的澱粉

分解後的蛋白質

脂肪酸

甘油

形成微胞的三酸甘油酯

微胞

膽酸

進入體內之後的三酸甘油酯會形成如右圖所示的結構（微胞，micelle）。以分解這種大結構，得由肝臟分泌出的「膽酸」（cholic acid）將微胞拆分成較小的微粒，比較容易分解。

貯藏脂肪的「白色脂肪細胞」

「白色脂肪細胞」是體內脂肪的貯藏庫，它分布於許多部位，包括內臟、皮膚下方以及肌肉纖維的周圍等處。譬如所謂的「霜降」牛肉，就是肌肉纖維之間的白色脂肪細胞累積了許多脂肪、細胞增殖後的結果。「肥肉」是皮膚下方的白色脂肪細胞層（即皮下脂肪）。而日式火鍋料理「內臟」鍋所用的食材，則是由內臟周圍白色脂肪細胞所構成的脂肪，人類的內臟亦同。

白色脂肪細胞中，「脂滴」（lipid droplet，

**標準體重者的
白色脂肪細胞（剖面）**

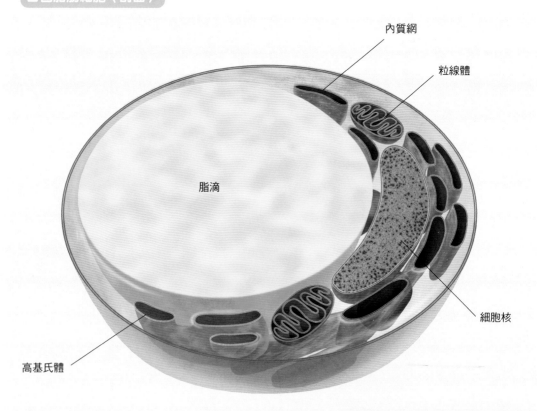

內質網

粒線體

脂滴

細胞核

高基氏體

貯藏脂肪的脂滴（油滴）占大部分體積。白色脂肪細胞內也有許多胞器在進行活動，像是在細胞核的指揮下生成各種物質，由內質網與高基氏體分泌物質至細胞外等。

油滴）占大部分的體積。人類變胖時脂滴會變大，使白色脂肪細胞膨脹到極限，細胞整體的直徑可以大到原本的1.5倍，體積可以大到原本的 3 倍左右。

在肥胖初期，白色脂肪細胞會增大，以累積更多脂肪。隨著肥胖的進展，白色脂肪細胞的數目也會跟著增加，一般成人約有250～300億個，肥胖者則約有600億個。

膨脹的白色脂肪細胞

白色脂肪細胞的數目會在胎兒期、嬰兒期、青春期這 3 個時期大幅增加。如果期間攝取過多能量，使分裂活動過於活躍，白色脂肪細胞的數目就會逐漸增加。白色脂肪細胞的數目越多，就會轉變成易胖難瘦的體質。即使不是處於上述時期，一旦攝取過多能量，也會讓白色脂肪細胞分裂增殖。

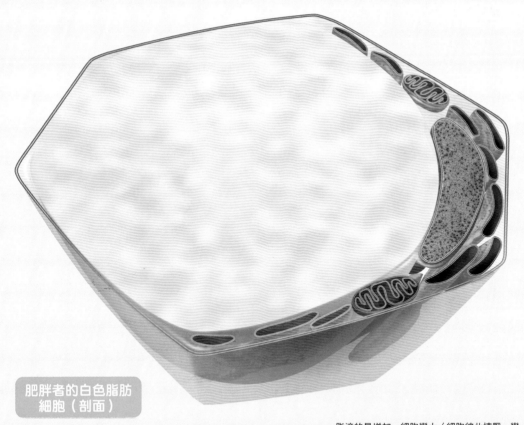

肥胖者的白色脂肪
細胞（剖面）

脂滴的量增加，細胞變大（細胞彼此擠壓，變形成多面體狀）。通常白色脂肪細胞會呈平均直徑0.08毫米左右的圓球狀，不過肥胖者的白色脂肪細胞可膨脹到0.10～0.13毫米左右。

製造各種物質的體內最大內分泌器官

白色脂肪細胞不是只會貯藏脂肪的「安靜倉庫」。事實上，它還是體內最大的內分泌器官，會製造各種物質。譬如白色脂肪細胞分泌的激素「瘦素」（leptin）有抑制食慾的作用；「脂聯素」（adiponectin）這種類激素物質可以修復受損血管、抑制動脈硬化等；除此之外還有「TNF-α」、「阻抗素」（resistin）、「血管收縮素原」（angiotensinogen）、「PAI-1」等，也都是白色脂肪細胞所分泌的物質（參考右圖）。有時候會統稱為「脂肪激素」（adipocytokines）。

當白色脂肪細胞累積過多脂肪（個體肥胖）時，分泌的物質量也會有所變化。這會造成身體出現各種異常，甚至生病。特別是分布於內臟周圍的白色脂肪細胞，分泌各種物質的活動比皮下脂肪細胞來得更加活躍。也就是說，如果內臟周圍累積過多脂肪，造成「內臟脂肪型肥胖」，對健康會有很大的影響。

脂肪細胞肥大化造成內分泌異常

圖為白色脂肪細胞之物質分泌量有所變化的狀況。個體肥胖時，有些物質的分泌量會增加，有些則會減少。這些變化會對身體造成各種負面影響，乃至於引發疾病。

瘦素（增加）

瘦素有抑制食慾的效果。個體肥胖時，瘦素分泌量
會增加。原本瘦素可以抑制食慾、抵消肥胖程度，
但肥胖者會由於某些原因使瘦素的效果變差。

脂聯素（減少）

脂聯素有促進細胞攝取血液中的葡萄糖、
修復受損血管的效果等。

**TNF-α、阻抗素、
血管收縮素原、PAI-1（增加）**

「TNF-α」與「阻抗素」可以抑制細胞攝
取血液中的葡萄糖。「血管收縮素原」是
促進血管收縮之物質（血管收縮素）的材
料。PAI-1則可提高止血效果。

過多的膽固醇會塞住血管

白色脂肪細胞累積過多脂肪（三酸甘油酯）時，三酸甘油酯會變成「游離脂肪酸」（free fatty acid）釋出至血液中。部分游離脂肪酸會在肝臟轉變成三酸甘油酯或膽固醇（cholesterol），再回到血管。這會提高血液中的脂質濃度，造成「血脂異常」。

巨噬細胞是一種白血球，可「清除」血管壁上的膽固醇。可一旦血液中的膽固醇濃度過高，就會來不及清除。這會造成吃下過多膽固醇的巨噬細胞死亡，導致血管壁堆積太多膽固醇與巨噬細胞的屍體，使血管壁膨脹，形成「斑塊」（plaque）。這會讓血管通

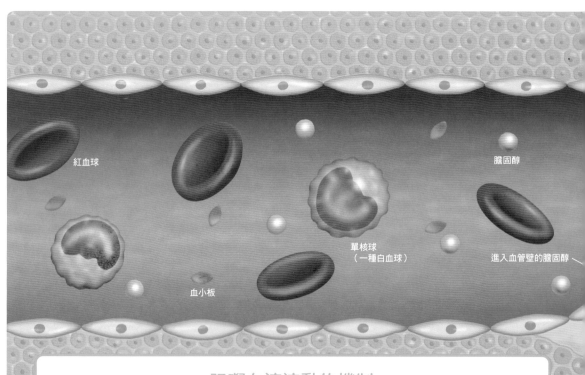

紅血球

膽固醇

單核球
（一種白血球）

進入血管壁的膽固醇

血小板

阻礙血液流動的機制

血液中的膽固醇會穿過血管內皮細胞的縫隙，滲入血管壁內。原本巨噬細胞可以清除這些膽固醇，可一旦膽固醇的濃度過高，就會來不及處理。結果造成血管壁內開始堆積膽固醇與巨噬細胞的屍體（斑塊），如果再因發炎反應使血管壁受損，血小板就會前來塞住傷口。原本血流就不順暢的地方再加上血小板介入，將使血管完全堵塞（梗塞）。

道變窄，令血液流通困難。

　　若這種狀態持續下去，極有可能會破壞血管壁。而當血管壁遭致破壞時，將會吸引血液中的血小板前往該處聚集做緊急處置，結果血液通道變得更狹窄，最糟的情況還可能使血管完全被封住。

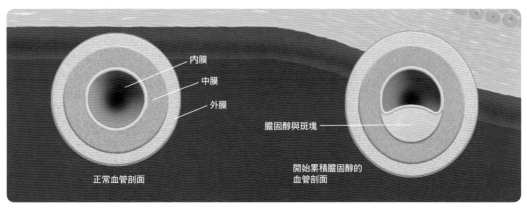

內膜
中膜
外膜
膽固醇與斑塊
正常血管剖面
開始累積膽固醇的血管剖面

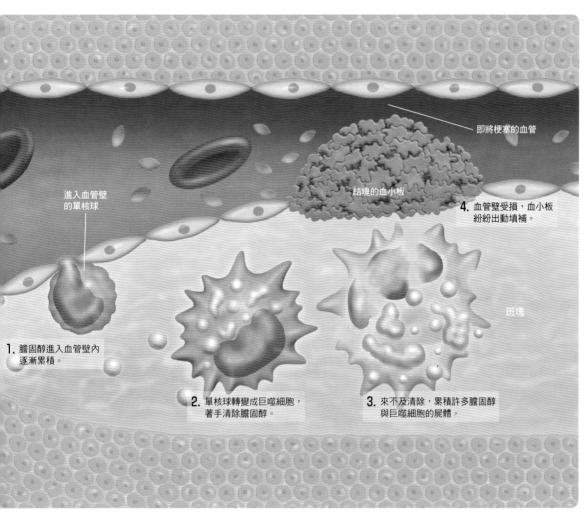

即將梗塞的血管
進入血管壁的單核球
結塊的血小板
4. 血管壁受損，血小板紛紛出動填補。
斑塊
1. 膽固醇進入血管壁內逐漸累積。
2. 單核球轉變成巨噬細胞，著手清除膽固醇。
3. 來不及清除，累積許多膽固醇與巨噬細胞的屍體。

對血管的傷害會引發重大疾病

血管內側有膽固醇等物沉積時，血管會變窄，造成血流不順。而且肥胖還會造成高血糖與高血壓，使血管硬化、失去彈力，也就是所謂的「動脈硬化」。

肥胖會導致內臟脂肪的白色脂肪細胞增加TNF-α 與阻抗素的分泌量（參考第142頁），造成血液中的葡萄糖難以被白色脂肪細胞吸收，處於高血糖狀態。葡萄糖經過氧化等化學反應後，可能會傷害血管內壁，所以如果持續處於高血糖狀態，將會導致血管劣化。

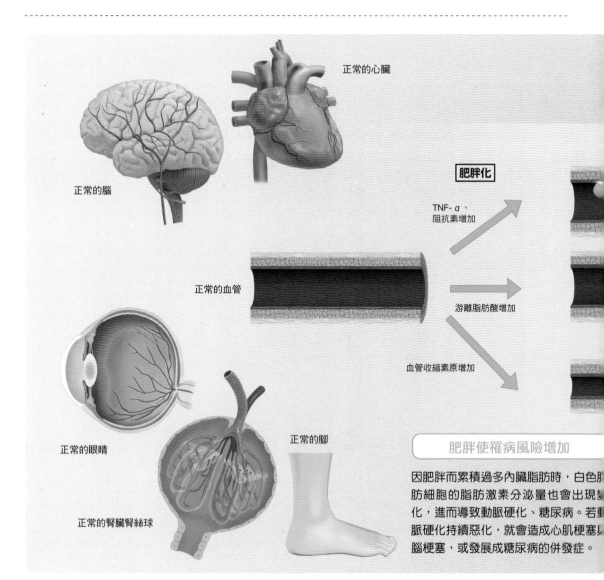

正常的心臟

正常的腦

肥胖化

TNF-α、
阻抗素增加

正常的血管

游離脂肪酸增加

血管收縮素原增加

正常的眼睛

正常的腳

正常的腎臟腎絲球

肥胖使罹病風險增加

因肥胖而累積過多內臟脂肪時，白色脂肪細胞的脂肪激素分泌量也會出現變化，進而導致動脈硬化、糖尿病。若動脈硬化持續惡化，就會造成心肌梗塞與腦梗塞，或發展成糖尿病的併發症。

另外，肥胖還會造成血管收縮素原的分泌量增加，使血管收縮、變細，血壓上升。這種高血壓狀態會為血管帶來負擔，也是造成血管受損的原因之一。

脂聯素有修復血管的效果，不過當個體肥胖時，分泌量會降低。此時，促進血液凝固的PAI-1分泌量會增加，使情況更加惡化——凝結的血液容易形成「血栓」（thrombus），動脈硬化的問題也變得更嚴重。

動脈硬化又稱為「沉默的殺手」。即使動脈硬化的情況加劇，身體也幾乎不會產生任何自覺症狀，卻在某天突然出現危及性命的疾病。動脈硬化會使運送養分至心肌的血管阻塞，引發「心肌梗塞」。心肌梗塞會使心臟失去部分功能，經常造成猝死。另外，若血管破裂、堵塞等情況發生在腦內，就是所謂的「腦出血」、「腦梗塞」（腦中風），常會留下後遺症，甚至因此喪命。

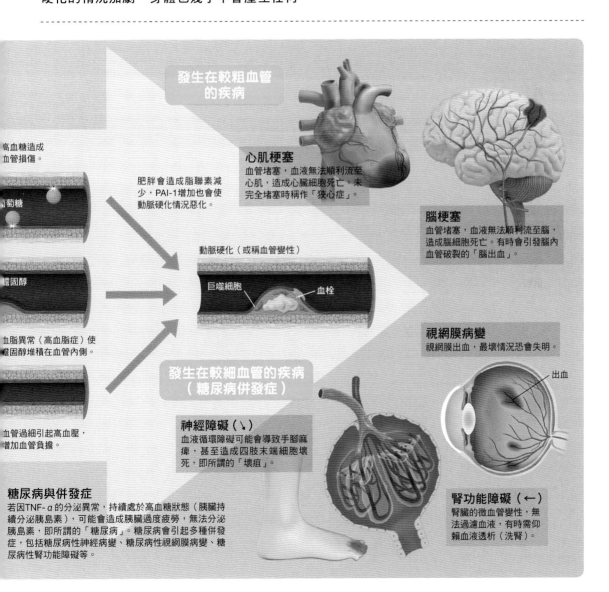

發生在較粗血管的疾病

高血糖造成血管損傷。

肥胖會造成脂聯素減少，PAI-1增加也會使動脈硬化情況惡化。

葡萄糖

心肌梗塞
血管堵塞，血液無法順利流至心肌，造成心臟細胞死亡。未完全堵塞時稱作「狹心症」。

膽固醇

動脈硬化（或稱血管變性）

巨噬細胞　　　血栓

腦梗塞
血管堵塞，血液無法順利流至腦，造成腦細胞死亡。有時會引發腦內血管破裂的「腦出血」。

血脂異常（高血脂症）使膽固醇堆積在血管內側。

視網膜病變
視網膜出血，最壞情況恐會失明。

出血

血管過細引起高血壓，增加血管負擔。

發生在較細血管的疾病
（糖尿病併發症）

神經障礙（↘）
血液循環障礙可能會導致手腳麻痺，甚至造成四肢末端細胞壞死，即所謂的「壞疽」。

糖尿病與併發症
若因TNF-α的分泌異常，持續處於高血糖狀態（胰臟持續分泌胰島素），可能會造成胰臟過度疲勞，無法分泌胰島素，即所謂的「糖尿病」。糖尿病會引起多種併發症，包括糖尿病性神經病變、糖尿病性視網膜病變、糖尿病性腎功能障礙等。

腎功能障礙（←）
腎臟的微血管變性，無法過濾血液，有時需仰賴血液透析（洗腎）。

消耗脂肪的
「棕色脂肪細胞」

顧 名思義，「棕色脂肪細胞」（brown adipose tissue）就是棕色的脂肪細胞。其細胞直徑只有白色脂肪細胞的10分之1左右，細胞內存在多個脂滴。

脂肪分解後的產物為「脂肪酸」。棕色脂肪細胞內部有許多粒線體，可消耗脂肪酸轉換成熱量。棕色脂肪細胞的發熱能力是肌肉（骨骼肌）的近100倍。

棕色脂肪細胞的數目在新生兒階段最多。對於沒辦法任意運動身體（肌肉產生的熱很少）的新生兒來說，棕色脂肪細胞有助於維持體溫。另外，棕色脂肪細胞在動物冬眠時也相當活躍。

棕色脂肪細胞大量存在於肩胛骨周圍與胸部等處。不同於白色脂肪細胞，即使個體變胖，棕色脂肪細胞也不會變多，而且數量還會隨著個體成長越來越少。尤其在40歲以後，棕色脂肪細胞會急速減少（即消耗的能量減少），正是造成中年發福的原因之一。

專欄 COLUMN　容易發胖的日本人

人類交感神經末端會分泌激素「正腎上腺素」（norepinephrine），由白色脂肪細胞與棕色脂肪細胞皆有的「β_3腎上腺素受體」負責接收。β_3腎上腺素受體與正腎上腺素結合後，白色脂肪細胞會將三酸甘油酯分解成游離脂肪酸，再透過血管運送到棕色脂肪細胞，棕色脂肪細胞再以游離脂肪酸作為燃料，產生熱能並散至體外。

控制這個系統的β_3腎上腺素受體相關基因中，會有部分變異成「節儉基因」（thrifty gene），能夠提高攝取能量的吸收（囤積）效率、降低消耗的熱量。擁有節儉基因的人平均1天可以「省下」200大卡，差不多等於1碗飯的熱量。1公斤的脂肪大約可換算成7000大卡的熱量，所以擁有節儉基因的人每年容易變胖10公斤以上。

關於肥胖者基因的調查報告指出，日本人有34%的人擁有這種「變異」基因。這個數字是世界第3高，大約是歐美人的2～3倍。也就是說，容易發胖的日本人本來就比較多。另外，日本之所以幾乎沒有超過200公斤的人，是因為在變得那麼胖之前就罹患糖尿病瘦下來的緣故。

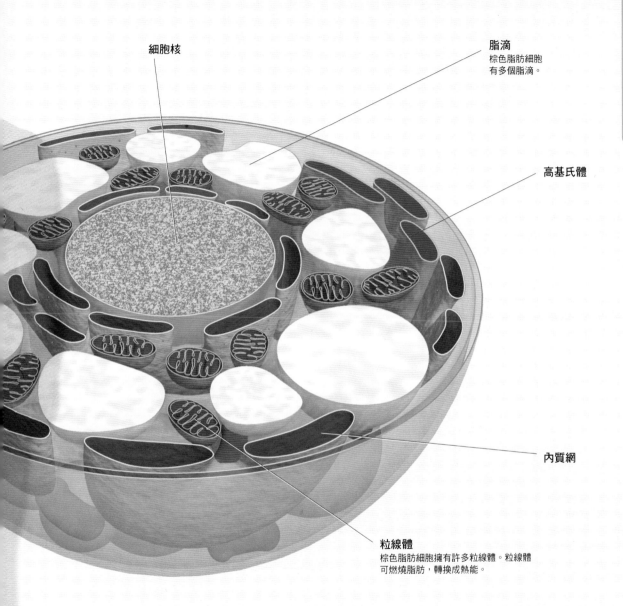

細胞核

脂滴
棕色脂肪細胞
有多個脂滴。

高基氏體

內質網

粒線體
棕色脂肪細胞擁有許多粒線體。粒線體
可燃燒脂肪,轉換成熱能。

棕色脂肪細胞

脂肪細胞主要有「白色」和「棕色」2 種,兩者的形態與功能完全不同。個
體變胖時,棕色脂肪細胞並不會像白色脂肪細胞那樣增加數量,反而會逐漸
減少。出生時約有150公克的棕色脂肪細胞,到了青春期就會減少到約40~
50公克。

粒線體是減肥的好夥伴

運 動使肌細胞內的ATP大量消耗時，細胞核內的基因會開始運作，製造蛋白質與DNA。這些產物會添加至既有的粒線體，使粒線體的體積增加。

慢跑等有氧運動可以有效提升粒線體的總體積。我們使用肌肉時，肌纖維（肌細胞）會消耗ATP。消耗越多ATP，肌細胞就越常處於能量不足的「飢餓狀態」。這時細胞核內與能量代謝有關的基因就會開始運作，除了促進肌肉細胞肥大之外，也會製造出構成粒線體的成分，進而提升粒線體的總體積。不過，要是沒有定期運動，1個月左右就會恢復到原先的狀態。另外，粒線體的總體積也會隨著年紀增長而減少。

骨骼肌

肌束

肌纖維（肌細胞）

肌原纖維

1. 肌細胞運動時需分解ATP
肌細胞內的「肌凝蛋白」纖維需利用ATP分解成ADP時產生的能量來活動。活動會讓整個肌肉急速收縮（A1～A4）。

A1. 利用ATP分解成ADP和磷酸時產生的能量，改變肌凝蛋白的結構。

A2. 肌凝蛋白先離開肌動蛋白，再「抓住」比較前面的肌動蛋白。

A3. ADP與磷酸離開時，肌凝蛋白會改變結構，「拉近」肌動蛋白。

肌凝蛋白
肌動蛋白

ATP

A4. 肌動蛋白活動，使整體肌肉收縮。

增加粒線體體積的機制

運動使肌細胞內的ATP大量消耗時，細胞核內的基因會開始運作，製造蛋白質與DNA。這些產物會添加至既有的粒線體，使粒線體的體積增加。

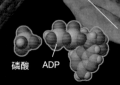

磷酸　　ADP

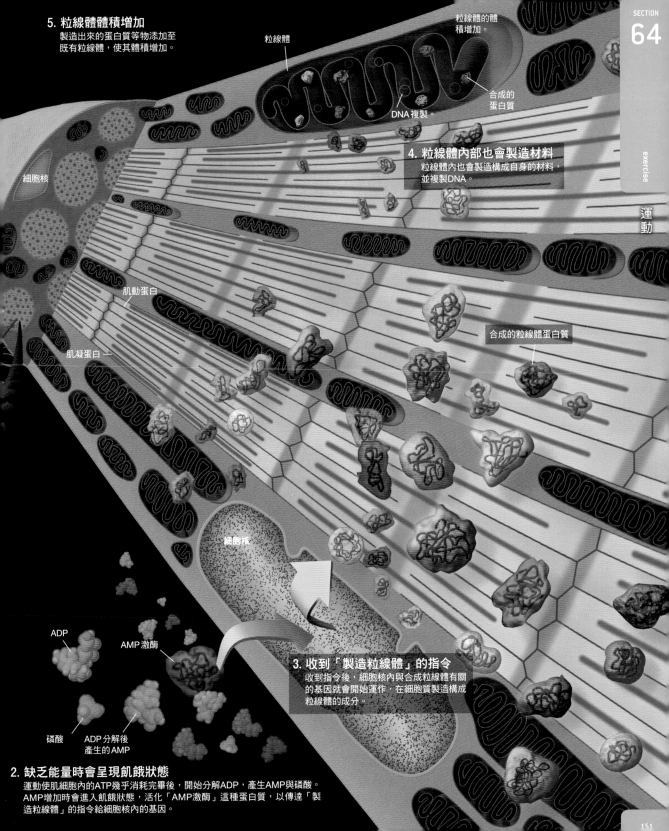

5. 粒線體體積增加
製造出來的蛋白質等物添加至
既有粒線體,使其體積增加。

粒線體

粒線體的體
積增加。

DNA 複製。

合成的
蛋白質

4. 粒線體內部也會製造材料
粒線體內也會製造構成自身的材料,
並複製DNA。

細胞核

肌動蛋白

合成的粒線體蛋白質

肌凝蛋白

細胞核

ADP

AMP 激酶

3. 收到「製造粒線體」的指令
收到指令後,細胞核內與合成粒線體有關
的基因就會開始運作。在細胞質製造構成
粒線體的成分。

磷酸

ADP 分解後
產生的AMP

2. 缺乏能量時會呈現飢餓狀態
運動使肌細胞內的ATP幾乎消耗完畢後,開始分解ADP,產生AMP與磷酸。
AMP增加時會進入飢餓狀態,活化「AMP激酶」這種蛋白質,以傳達「製
造粒線體」的指令給細胞核內的基因。

限制熱量的攝取可以延長壽命？

2009年7月，美國科學期刊《Science》發表了一篇研究論文《若將猴子攝取的熱量減少30％，可抑制老化症狀使其延長壽命》，引起許多人關注。

一般情況下，粒線體會利用來自食物的糖（葡萄糖），製造能量來源ATP。不過當攝取的熱量受限，粒線體就會開始改用體內脂肪等來產生ATP。這時，長壽基因「sirtuin」便會開始作用，使合成粒線體的必要基因開始運作，以製造新的粒線體。

新形成的粒線體勤於製造ATP，而且也比較少排出「活性氧」這種會攻擊DNA與蛋白質的物質。再者，因為新形成的粒線體效率比較高，故可以維持細胞的運作，延緩老化。

另一方面，2012年8月，英國的科學期刊《nature》發表相關研究結果《減少攝取的熱量並不會影響猴子的壽命》，引起學術上的爭論。在這之後，學者再次檢討兩方的資料所得到的結果是，限制猴子攝取的熱量，確實有預防疾病的效果。不過，限制靈長類攝取熱量是否可以套用在人類身上，使我們延長壽命？這點尚待進一步研究證實。

- -

限制熱量會發生什麼事？

圖為不限制熱量的飲食（熱量過高的飲食※）持續一段時間（上半），以及減少3成熱量（下半）持續一段時間，細胞內可能產生的變化。限制熱量會形成新的粒線體，所排出的活性氧較少，或可抑制細胞的老化。

※：也有研究人員認為，只有對平常吃太多的人限制熱量才有效果。

不限制熱量的飲食（熱量過高？）

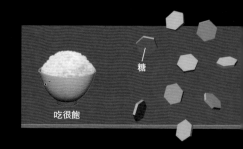

1. 攝取大量的糖
腸胃分解食物所產生的糖透過血液運送至細胞各處。

糖

吃很飽

限制熱量的飲食

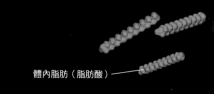

體內脂肪（脂肪酸）

減少3成熱量，吃七分飽

糖

1. 減少糖的攝取
將食物量減少到原本的7成，限制熱量攝取，身體獲得的糖也隨之減少。

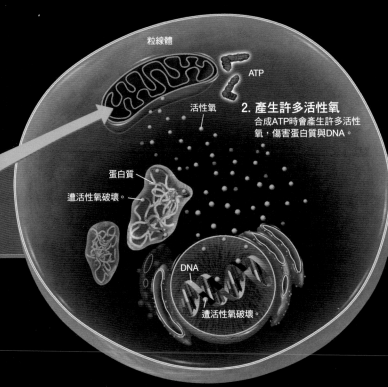

粒線體

ATP

活性氧

2. 產生許多活性氧
合成ATP時會產生許多活性氧，傷害蛋白質與DNA。

蛋白質

遭活性氧破壞。

DNA

遭活性氧破壞。

老化且早死？

3. 持續老化，縮短壽命？
出現細胞及內臟的功能衰弱等老化現象。與限制熱量的情況相比，壽命可能會縮短。

新製造的粒線體

ATP

活性氧

NAD

2. 使用體內囤積的脂肪等
糖不夠的部分改用體內脂肪等來製造ATP。生產過程中會產生「NAD」這種物質。

構成粒線體的蛋白質

4. 活性氧較少
新製造的粒線體排出的活性氧較少，而且可以合成大量ATP，是效率很高的粒線體。

3. 長壽基因的運作
NAD增加時，會促進長壽基因sirtuin的運作。由sirtuin製出來的蛋白質會促進新粒線體的合成。

長壽基因sirtuin

年輕且長壽？

5. 上了年紀也能保持年輕且長壽？
活性氧造成的損害減少，細胞內的能量也很豐富，故可維持細胞功能。壽命可能會延長。不過也有報告顯示，有些個體在動物實驗中因為營養不足而生病、壽命縮短。

COLUMN
油膩食物和碳水化合物易使人發胖？

我們平常說的「卡路里」（calorie，卡）究竟是什麼呢？卡原本是物理學上用來表示能量的單位。1卡（cal）的定義是讓1公克的水溫度上升1℃所需的能量。在食品領域，要表示食品內含有多少能量（熱量）時，常以「大卡」（kcal，千卡）為單位（1大卡＝1000卡）。

不同種類的食物、營養素，讓人發胖的容易程度會一樣嗎？1公克的碳水化合物相當於4大卡，1公克的蛋白質也相當於4大卡，1公克的脂質則相當於9大卡的熱量。攝取等重的營養素時，熱量最高的是脂質。這表示當吃下富含脂質的食品時，即使本人未發覺自己吃太多（就算食物量並不多），也很可能會有熱量

若卡路里的數值相同，那麼食品或營養素種類與容易發胖的程度基本上沒有太大關聯。而且，若限制特定營養素的攝取，很可能會危害健康。所以要均衡攝取各種食品才行（並控制好總卡路里的攝取量）。

攝取過多的問題。難怪許多人會有「吃油膩食物容易發胖」的印象，而這句話其實說得也沒有錯。

若減少碳水化合物的攝取，比較不易發胖？

也有人說「減少碳水化合物（醣類）的攝取量，就比較不會發胖」。實驗結果顯示，在相同熱量的前提下，把大幅減少飲食中碳水化合物的實驗組與維持均衡飲食的實驗組比較之後，前者的減重速度的確比較快。不過，時間拉長之後，兩方減少的體重會趨於一致。

那麼，如果不吃脂質的話，身體又會有什麼變化呢？脂質是細胞膜的材料，也有助於吸收維生素。而且，某些脂質無法在人體內合成，所以如果極端地減少飲食中的脂質，細胞膜和血管就會越來越脆弱，甚至可能會造成視力下降等負面影響。

另外，如果過度減少蛋白質的攝取量，頭髮和皮膚的光澤就會黯淡，甚至可能造成肌肉量減少等負面影響。而且肌肉量的減少還會導致肌肉消耗的能量減少，反而容易使個體發胖。

所以說，為了保持身體健康，減重時不應只著眼於控制卡路里的攝取量，更要注重各營養素的平衡。況且，人體在不同的年齡階段各有不同的營養需求，應視個人身體狀態調整碳水化合物、蛋白質、脂質等的攝取比例為佳。

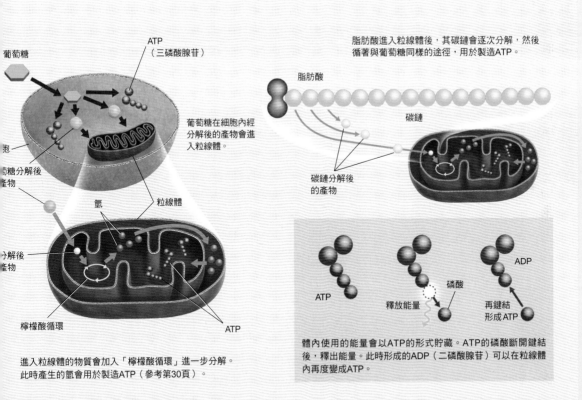

葡萄糖

ATP
（三磷酸腺苷）

葡萄糖在細胞內經分解後的產物會進入粒線體。

胞

萄糖分解後
產物

氫

粒線體

分解後
產物

檸檬酸循環

ATP

進入粒線體的物質會加入「檸檬酸循環」進一步分解。此時產生的氫會用於製造ATP（參考第30頁）。

脂肪酸進入粒線體後，其碳鏈會逐次分解，然後循著與葡萄糖同樣的途徑，用於製造ATP。

脂肪酸

碳鏈

碳鏈分解後
的產物

ATP

磷酸

釋放能量

ADP

再鍵結
形成ATP

體內使用的能量會以ATP的形式貯藏。ATP的磷酸斷開鍵結後，釋出能量。此時形成的ADP（二磷酸腺苷）可以在粒線體內再度變成ATP。

細胞內產生能量的機制

上圖所示為細胞從碳水化合物與脂質中提取能量（製造ATP）的機制。碳水化合物與脂質一開始的途徑不大一樣，不過最後都會進入粒線體，經由相同的途徑製造ATP。

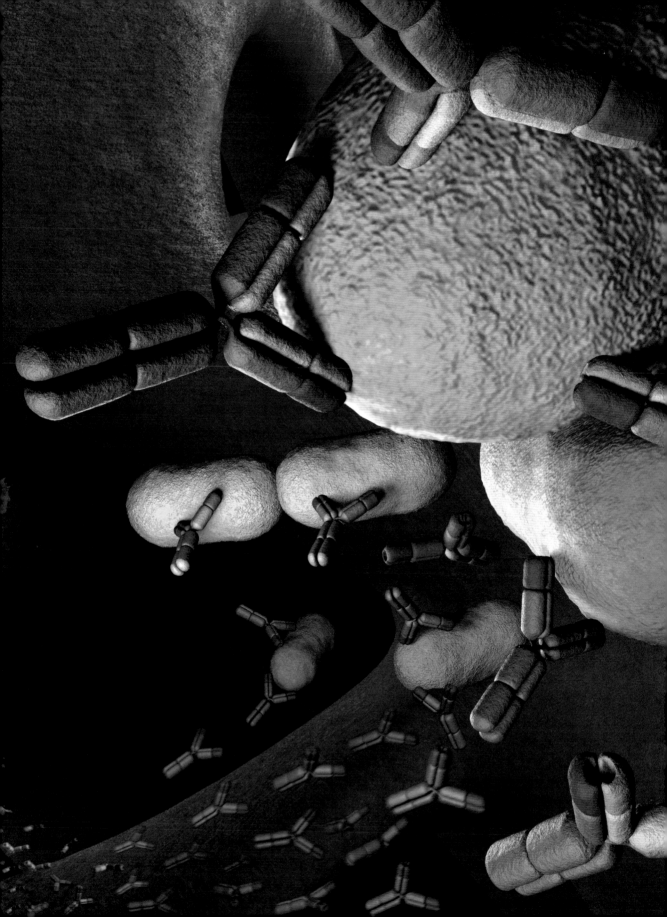

5

保護身體的細胞

Immunity

有數百兆個細菌
住在人類體內

有 數百兆個「常駐細菌」（resident bacteria）在我們的體內生活。常駐細菌指的是常存於生物體內的細菌，基本上對身體無害。當我們還在母親的肚子裡時，體內還沒有常駐細菌（因為子宮是無菌狀態）。不過，在通過產道時就會從母親身上獲得常駐細菌，出生後則是會從周圍環境獲得許多細菌。

每個人體內的常駐菌叢各有不同，不過同一個國家的人民通常具有共同的種類。食物可能是產生這種共同傾向的原因之一。舉例來說，海苔、裙帶菜等富含多醣，日本人的腸道菌叢（在腸內繁衍的細菌）中就有許多細菌會分泌能分解這些多醣的酶。某項調查指出，歐洲人能分泌這類酶的細菌只占其腸道細菌的2～3%；相較於此，日本人的占比卻高達90%。這是因為日本人很常吃海苔、裙帶菜等食物，也就一併吃下了以這些東西為食的海中細菌，而這些細菌擁有的酶之遺傳訊息會轉移給體內的腸道細菌。

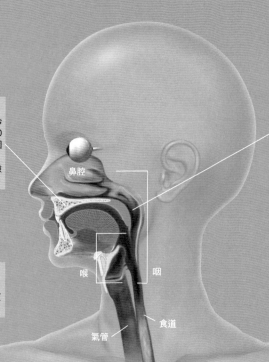

呼吸系統
鼻腔（鼻孔一直到鼻子深處的空間）、咽（連接口與食道、氣管，用於分隔食物或空氣的管道）、喉（從咽到氣管的空氣通道）內都有表皮葡萄球菌等。氣管、支氣管、肺內則沒有常駐細菌。會在肺部引起肺炎的細菌棲息在高於氣管的位置，這是因為支氣管表面的細胞會擺動纖毛，將這些常駐細菌往上推到咽。

口
以轉糖鏈球菌（*Streptococcus mutans*）為首，口中約有100萬種常駐細菌，總數達100億個左右。這些細菌分布於牙齦、牙垢、上顎（上口蓋）、舌、臉頰內側黏膜等處。

皮膚
皮膚的常駐細菌約150種，有1兆個左右。最多的菌種為表皮葡萄球菌與痤瘡丙酸桿菌。

鼻腔

喉　咽

食道

氣管

胃
胃內為強酸環境,所以常駐細菌的數量遠比其他部位少。胃代表性的常駐細菌是幽門螺旋桿菌,棲息在可避開胃酸的黏膜深處,還會分泌鹼性物質把自己包起來保護。

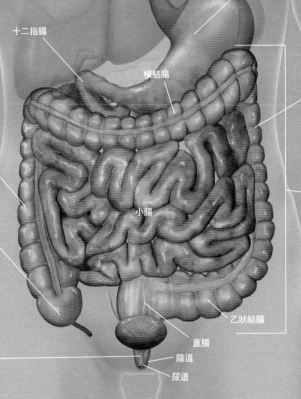

十二指腸

橫結腸

降結腸

升結腸

盲腸

小腸

乙狀結腸

直腸

陰道

尿道

腸
棲息於十二指腸、小腸、大腸(盲腸、結腸、直腸)的細菌統稱為腸道細菌。腸道細菌通常難以在有氧環境中生存。從十二指腸往結腸的方向前進,腸道細菌的種類與數量會隨之增加(大腸約有數十兆個腸道細菌)。

尿道、性器
某些細菌棲息在尿道口附近的尿道與陰道。女性除了幼兒期與停經後,陰道內最多的常駐細菌是乳酸菌,會分解剝離的陰道細胞內的肝糖,製造乳酸。乳酸會將陰道內的環境保持在酸性(pH 4.7左右),使其他常駐細菌與病原體難以在此生存。

棲息在人體內的細菌

圖為人體各處的常駐細菌種類。大腸的常駐細菌最多,接著是口腔。心臟與循環系統通常是無菌狀態,腦與脊髓內也沒有常駐細菌。

保護我們不被病原菌傷害的「常駐細菌」

常駐細菌最大的功用在於，保護我們的身體不被外來的病原菌傷害。譬如皮膚就是病原菌最容易附著的地方。皮膚表面會分泌含有脂質的皮脂與汗，常駐細菌可將其分解，產生脂肪酸等物質。脂肪酸等物質會讓皮膚呈弱酸性，這樣的環境不適合多數病原菌生存，故可抑制病原菌在此定居。

另一方面，口腔內環境溫暖又富含營養素，對病原菌來說是絕佳的居住環境。不過，口腔內通常有轉糖鏈球菌、放線菌（Actinomyces）等常駐細菌定居，早已占有自身的棲息區域與營養素，所以外來的病原菌無法定居於此。

這裡雖然只以皮膚與口腔為例，不過體內其他地方的情況也是一樣。

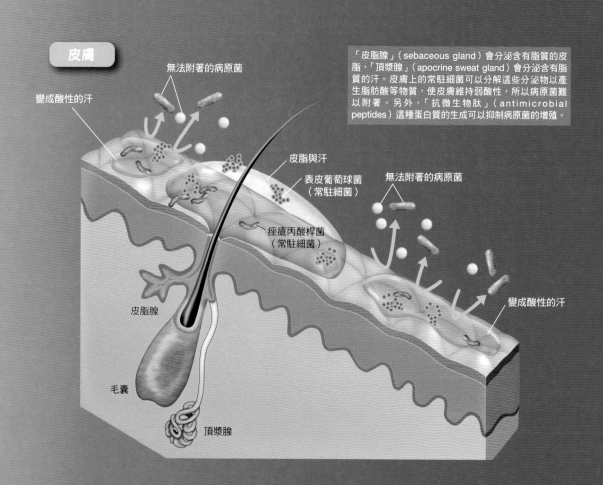

皮膚

無法附著的病原菌

變成酸性的汗

皮脂與汗

表皮葡萄球菌（常駐細菌）

無法附著的病原菌

痤瘡丙酸桿菌（常駐細菌）

皮脂腺

毛囊

頂漿腺

變成酸性的汗

「皮脂腺」（sebaceous gland）會分泌含有脂質的皮脂，「頂漿腺」（apocrine sweat gland）會分泌含有脂質的汗。皮膚上的常駐細菌可以分解這些分泌物以產生脂肪酸等物質，使皮膚維持弱酸性，所以病原菌難以附著。另外，「抗微生物肽」（antimicrobial peptides）這種蛋白質的生成可以抑制病原菌的增殖。

可排除病原菌的常駐細菌

圖為常駐細菌排除外來病原菌的過程。特將細菌的大小予以誇大呈現。

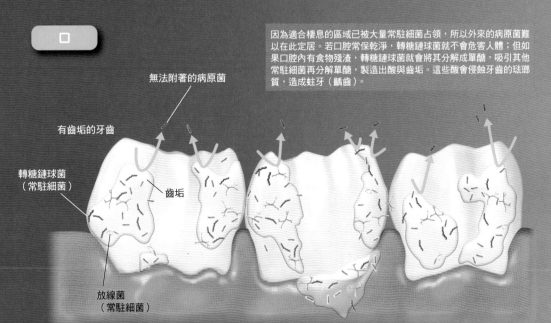

口

無法附著的病原菌

有齒垢的牙齒

轉糖鏈球菌
（常駐細菌）

齒垢

放線菌
（常駐細菌）

因為適合棲息的區域已被大量常駐細菌占領，所以外來的病原菌難以在此定居。若口腔常保乾淨，轉糖鏈球菌就不會危害人體；但如果口腔內有食物殘渣，轉糖鏈球菌就會將其分解成單醣，吸引其他常駐細菌再分解單醣，製造出酸與齒垢。這些酸會侵蝕牙齒的琺瑯質，造成蛀牙（齲齒）。

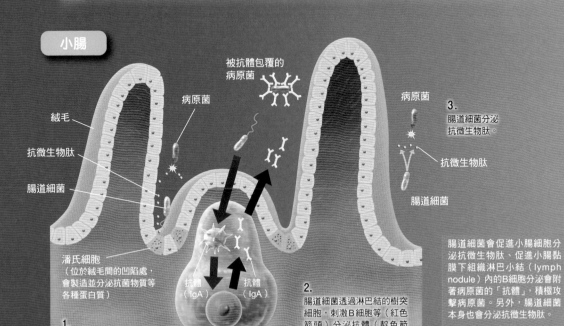

小腸

被抗體包覆的病原菌

病原菌

絨毛

抗微生物肽

腸道細菌

病原菌

3.
腸道細菌分泌抗微生物肽。

抗微生物肽

腸道細菌

潘氏細胞
（位於絨毛間的凹陷處，會製造並分泌抗菌物質等各種蛋白質）

抗體
（IgA）

抗體
（IgA）

B細胞

淋巴結
（培耶氏斑，Peyer's patch）

1.
腸道細菌與潘氏細胞接觸後，可促進潘氏細胞分泌抗維生素肽。

2.
腸道細菌透過淋巴結的樹突細胞，刺激B細胞等（紅色箭頭）分泌抗體（靛色箭頭）。抗體會附著於病原菌上，防止病原菌侵入小腸內部。

腸道細菌會促進小腸細胞分泌抗微生物肽、促進小腸黏膜下組織淋巴小結（lymph nodule）內的B細胞分泌會附著病原菌的「抗體」，積極攻擊病原菌。另外，腸道細菌本身也會分泌抗微生物肽。

小腸黏膜下組織

在幕後守護你我健康的「腸道細菌」

我們大腸內住著許多「腸道細菌」，譬如大腸桿菌、乳酸菌等。成人的腸道細菌有1000種以上，超過100兆個，總重量可達1.5公斤。腸道細菌可將人類無法消化的某些成分（食物纖維或未消化的蛋白質）進一步分解，成為人類可以吸收的成分。

一般而言，腸道細菌會在大腸形成共生聚落，構成含有多種細菌的「腸道菌叢」（gut flora）。之所以稱作「flora」，是因為外觀看起來就像植物群一樣。

腸道細菌有抑制個體肥胖的功能。腸道細菌在分解食物纖維之際會製造短鏈脂肪酸，這是食物纖維所含的纖維素等多醣經過分解之後產生的物質，分子比單醣還要小。當白色脂肪細胞表面的受體接觸到這種短鏈脂肪酸（醋酸），就會變得難以攝取葡萄糖（抑制脂肪累積）。除此之外，短鏈脂肪酸還可以促進腸道蠕動、促進大腸表面細胞吸收水分與無機化合物等。

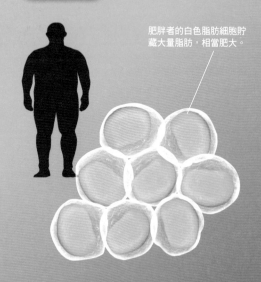

肥胖者

肥胖者的白色脂肪細胞貯藏大量脂肪，相當肥大。

醋等食物也含有醋酸，不過進入體內後會馬上分解。腸道細菌製造的醋酸則會由細菌慢慢釋放出來，較為長效。

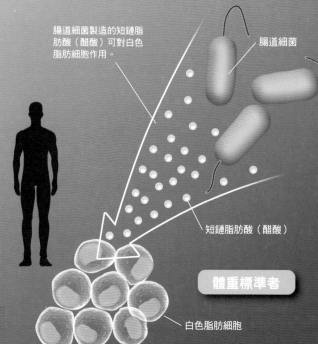

腸道細菌製造的短鏈脂肪酸（醋酸）可對白色脂肪細胞作用。

腸道細菌

短鏈脂肪酸（醋酸）

體重標準者

白色脂肪細胞

腸道細菌的作用

腸道細菌有許多功能,可在大腸分解食物纖維,還能抑制白色脂肪細胞囤積脂肪(參考下圖)等。白色脂肪細胞偵測到胰臟分泌至血液的胰島素後(1),負責攝取葡萄糖的蛋白質會往細胞膜移動(2),將血液中的葡萄糖攝入細胞內,用以製造脂肪(3)。不過,當短鏈脂肪酸(醋酸)接觸到白色脂肪細胞表面的受體時,會阻斷胰島素受體發出的指令(4),使細胞難以攝取葡萄糖。

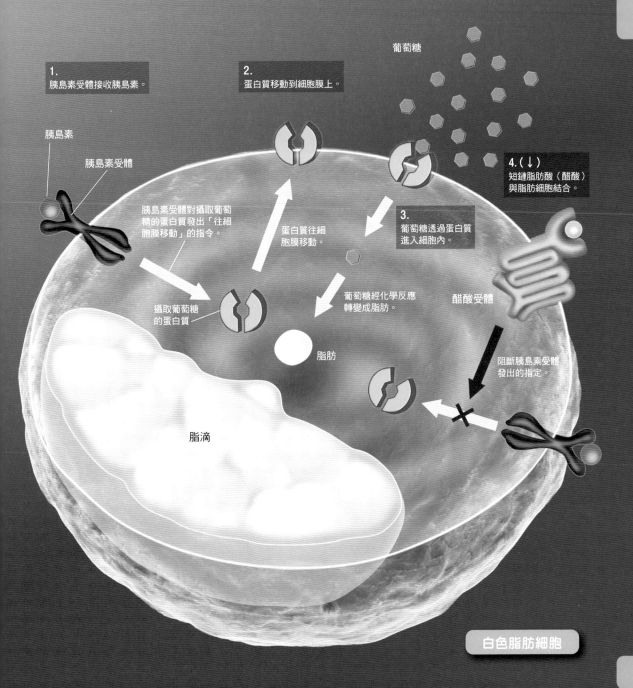

葡萄糖

1.
胰島素受體接收胰島素。

2.
蛋白質移動到細胞膜上。

4.(↓)
短鏈脂肪酸(醋酸)
與脂肪細胞結合。

胰島素

胰島素受體

胰島素受體對攝取葡萄糖的蛋白質發出「往細胞膜移動」的指令。

蛋白質往細胞膜移動。

3.
葡萄糖透過蛋白質進入細胞內。

攝取葡萄糖的蛋白質

葡萄糖經化學反應轉變成脂肪。

醋酸受體

脂肪

阻斷胰島素受體發出的指定。

脂滴

白色脂肪細胞

COLUMN

在幕後支撐日本飲食文化的微生物

日本自古以來便普遍食用發酵食品，譬如味噌、醬油、納豆等。所謂的發酵，是讓細菌等微生物在細胞內分解醣類或蛋白質等，產生能量以維持自身生存。這些反應的最終產物會排出至細胞外（發酵產物）。發酵產物若為食品，即稱作「發酵食品」。

與發酵有關的微生物可分為細菌（納豆菌、乳酸菌等）、黴菌（麴菌、青黴菌等）、酵母菌（麵包酵母、啤酒酵母等）這3種。發酵與腐敗都是微生物造成，只差在前者對人類有用，後者對人類有害。

用於製造納豆的「納豆菌」

納豆菌是讓大豆發酵成納豆時使用的細菌，正式名稱為「*Bacillus subtilis*」（枯草桿菌）。我們在賣場看到的盒裝納豆，是在蒸好的納豆上灑下純粹培養的納豆菌後發酵製成，過去的主流作法則是用稻草將蒸過的大豆包裹起來發酵製成。

天然的稻草上原本就有納豆菌等細菌附著。稻草經過100℃高溫處理後，納豆菌會轉變成特殊姿態「芽孢」（endospore）。所謂的芽孢，是暫停一切生命活動的狀態，細菌會在周圍披上好幾層蛋白質外殼，提高對熱、乾燥、輻射線、有毒化學物質等的耐受性。所以高溫處理可以讓多餘的細菌死亡，只留下納豆菌，這樣的稻草才能夠用來製造納豆。

代表日本的「麴菌」

讓味噌與醬油發酵的主角不是細菌，而是黴菌、酵母等「真菌」（Fungi）。首先，在穀物上繁殖的「麴菌」是一種黴菌，可將大豆的澱

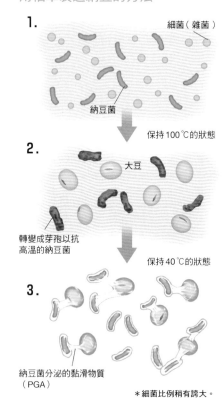

用稻草製造納豆的方法

1.
　　細菌（雜菌）

　　納豆菌

保持100℃的狀態

2.
　　大豆

轉變成芽孢以抗高溫的納豆菌

保持40℃的狀態

3.

納豆菌分泌的黏滑物質（PGA）

＊細菌比例稍有誇大。

稻草經100℃熱處理後，幾乎所有細菌都死光，只剩下呈芽孢狀態的納豆菌還活著。把蒸好的大豆放入稻草，保持40℃靜置（1～2），納豆菌就會重新開始活動。納豆菌增殖後開始分解大豆，產生黏滑物質「聚麩胺酸」（PGA）與「聚果糖」（levan，多醣），釋放至細胞外（3）。

粉、蛋白質、脂質分解成小分子。麴菌製造出來的糖經酵母菌（真菌）與乳酸菌（細菌）發酵後，會產生具味噌或醬油香味的酒精與有機酸等。如果將大豆改成米，則可釀造出清酒

醬油窖（↓）

麴乃蒸熟原料穀物（米、麥、豆等）後撒上麴菌，在適合繁殖的溫度、濕度條件下培養所得到的產物。名稱會因產生麴菌的原料而異，譬如米麴、麥麴、豆麴等。米麴在日文中也寫作「糀」。米麴可將米的澱粉（多醣）分解成葡萄糖（單醣），同時加入的酵母菌則會以葡萄糖為原料進行酒精發酵，將米轉變成味噌、醬油、清酒等。

（日本酒）。

麴菌有很多種，包括用來製造味噌、醬油、清酒的「*Aspergillus oryzae*」（米麴黴菌）、製造醬油不可或缺的「*Aspergillus sojae*」（醬油麴黴菌）、製造泡盛不可或缺的「*Aspergillus luchuensis*」（黑麴菌）等。另外，麴菌在2006年時獲日本釀造學會認定為代表日本的「國菌」。

「免疫系統」是保護身體免受病原體侵襲的防衛隊

我們周圍存在許多細菌、病毒等病原體（pathogen）。病原體會頻繁地試著從我們的口鼻侵入體內。譬如喉嚨疼痛、流鼻水等症狀，就是免疫細胞為了保護身體，而與侵入體內的病原體發生戰鬥的跡象。

我們擁有「免疫系統」這個防禦機制。哺乳類的免疫系統主要以白血球為核心。白血球大致上可以分成巨噬細胞、樹突細胞（dendritic cell）、嗜中性球（neutrophil）等「吞噬細胞」（phagocytes），以及自然殺手細胞（NK細胞）、T細胞、B細胞等「淋巴球」。當白血球發現入侵者時，就會彼此合作展開攻擊。

人類的免疫系統可以分為兩種：先天免疫（innate immunity）和後天免疫（adaptive immunity）。先天免疫是出生時就具備的系統，可以迅速應對入侵者的攻擊，保護身體。不過這種免疫功能屬於非專一性防禦（非特異性免疫），而且只有暫時性的效果，所以長期的保護還是得仰賴後天免疫系統。後天免疫系統可以記住各種侵入至體內的病原體。

代表性的免疫細胞

免疫系統中有許多免疫細胞。各司其職的免疫細胞彼此分工合作，共同抵禦入侵者。

先天免疫系統的主要細胞

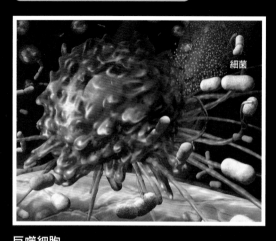

細菌

巨噬細胞
離開血管的單核球在組織內成熟而形成。除了病原體之外，巨噬細胞也會吃掉細胞的屍體等。

輔助T細胞

樹突細胞
單核球在血管外的組織內成熟而形成。可抓取部分病原體，提供相關資訊給後天免疫系統的輔助T細胞（抗原呈現）。

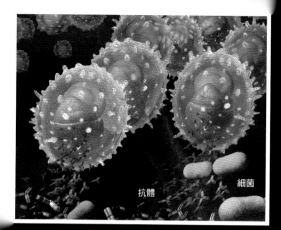

B 細胞

林巴球的一種。可依照病原體的種類製造相應的抗體用以攻擊。
大小約8～12微米。

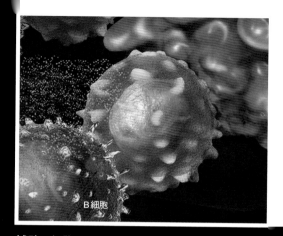

輔助T細胞

淋巴球（T細胞）的一種。根據從樹突細胞接獲的資訊，命令B
細胞製造抗體，擊退入侵者。

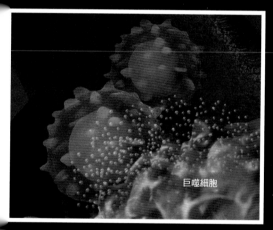

調節T細胞（Treg細胞）

T細胞的一種，可抑制輔助T細胞與殺手T細胞的功能，控管免
疫反應。

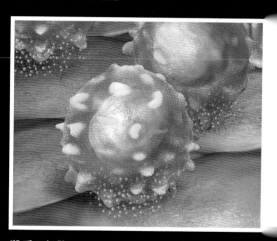

殺手T細胞

T細胞的一種。會找出遭病原體等感染的細胞或癌細胞，將其
殺死。

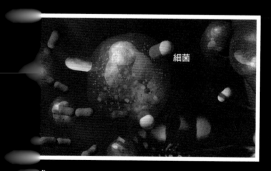

求

和細胞一起隨著血液循環，巡視全身。常異物（特別是細

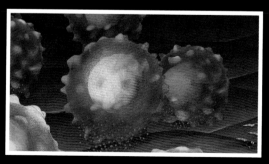

自然殺手細胞（NK細胞）

會攻擊被病毒感染的細胞以及腫瘤細胞，將其消滅。

免疫細胞的分化

所有免疫細胞都來自同一種細胞

免疫細胞的種類有很多,不過所有免疫細胞都是由骨髓中的「造血幹細胞」(hematopoietic stem cell)分裂、增殖而成。造血幹細胞可透過細胞分裂增加自身數量。在造血幹細胞的分裂過程中,部分會逐漸轉變成紅血球、部分會逐漸轉變成淋巴球……最終形成各種細胞(分化)。

這裡且針對淋巴球進行更詳細的說明。由造血幹細胞分化而成的淋巴球會透過血液運送至全身,各自在特定組織內獲致成熟。淋巴球的名稱源自於它們在何種器官成熟。在胸腺(thymus)成熟的淋巴球叫作「T淋巴球」(T細胞),在骨髓(bone-marrow)成熟[※]的淋巴球則叫作「B淋巴球」(B細胞)。胸腺有「篩選」淋巴球的功能:進入胸腺的淋巴球如果會對自己產生免疫反應,或者完全不會反應,就會被當成瑕疵品殺掉,最後留下來的才能發育成熟。

※:鳥類的B淋巴球是在「法氏囊」(bursa of Fabricius)成熟。

淋巴母細胞

造血幹細胞的分化

紅血球、白血球、淋巴球等血液內的所有細胞,都是由骨髓的造血幹細胞分化而來。淋巴球又再分成於骨髓成熟的B細胞,以及進入胸腺成熟的T細胞。T細胞具備指揮其他免疫細胞的功能,所以要是把自己人誤判成敵人加以攻擊的話就糟了!因此需要在胸腺進行「篩選」,只有成熟的T細胞才能離開胸腺。

T細胞會在胸腺成熟。

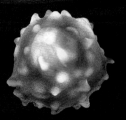
輔助T細胞

調節T細胞

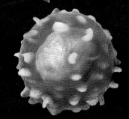
殺手T細胞

造血幹細胞

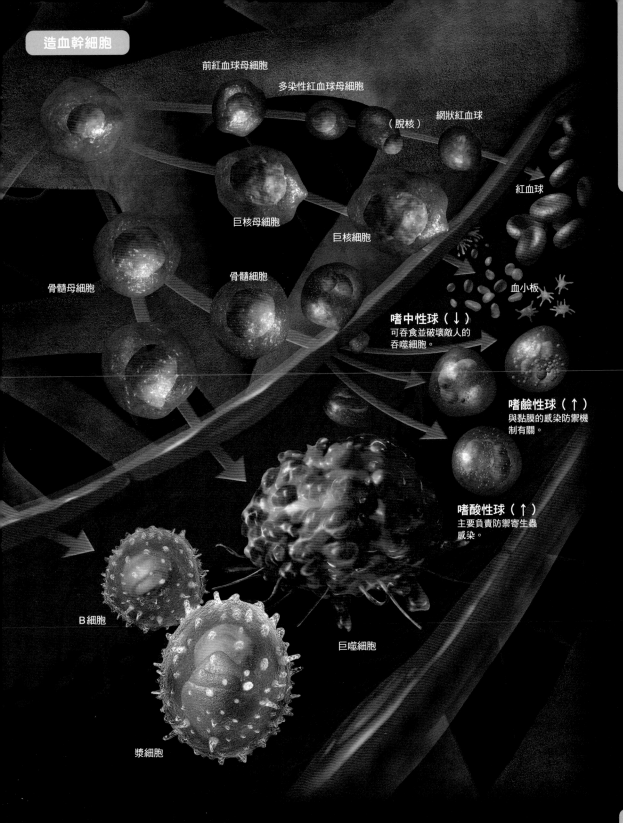

前紅血球母細胞

多染性紅血球母細胞

（脫核）

網狀紅血球

紅血球

巨核母細胞

巨核細胞

血小板

骨髓母細胞

骨髓細胞

嗜中性球（↓）
可吞食並破壞敵人的
吞噬細胞。

嗜鹼性球（↑）
與黏膜的感染防禦機
制有關。

嗜酸性球（↑）
主要負責防禦寄生蟲
感染。

B細胞

巨噬細胞

漿細胞

免疫細胞的分化

由先天免疫與後天免疫組成的免疫系統

細菌、病毒等病原體侵入體內時，負責巡邏的自然殺手細胞（NK細胞）與白血球就會攻擊這些病原體，將其吞噬消化。這種機制稱作「先天免疫」。白血球吃下好幾個病原體之後，自己也會死亡。我們受傷時傷口會化膿，這些膿就是白血球，尤以嗜中性球的屍體居多。

躲過先天免疫機制而活下來的病原體會在細胞內增殖，準備下一波攻擊。樹突細胞會取下部分病原體，將相關資訊傳給輔助T細胞（抗原呈現，antigen presentation）。收到訊息的輔助T細胞會選出適合對抗侵入之病原體的B細胞，命其製造「抗體」。抗體是一種能夠與病原體（抗原）結合的蛋白質。一種抗體只能和一種抗原結合。

選上的B細胞會開始增殖，轉變成漿細胞（plasma cell）。漿細胞可以製造大量抗體並將其釋出，用以攻擊病原體。這種機制叫作「後天免疫」。

免疫系統

擁有病原體資訊的樹突細胞移動到淋巴結時，會將訊息傳遞出去。待輔助T細胞收到訊息增殖之後，適合對抗病原體的B細胞就會下達製造抗體的指令。收到指令的B細胞會發育成漿細胞，生產大量抗體。

輔助T細胞
從樹突細胞接獲病原體
的資訊後活化。

樹突細胞
取下部分病原體，
傳遞相關資訊。

嗜中性球
吞下數個病原體後
就會死亡。

巨噬細胞
吞食並消化侵入的
細菌與病毒等。

細菌

B 細胞
從輔助 T 細胞接獲
細菌的資訊。

漿細胞
在輔助T細胞的指揮下，適合
對抗病原體的B細胞增殖、成
熟。B細胞最後會轉變成漿細
胞，製造大量抗體。

抗體
在細菌身上開洞將其破壞，或
包圍細菌以利吞噬細胞吞食。

攻擊特定病原體的「抗體」

漿 細胞釋出的抗體可以識別特定病原體（抗原），並與之結合。抗體與抗原結合後，便可破壞病原體。另外，抗體也有標記抗原的功能，以利巨噬細胞等吞噬細胞積極吞食病原體。透過這種集中攻擊的方式，將病原體予以滅絕。

人類的抗體可以分成IgG、IgA、IgM、IgD、IgE這5種。人類血液中含量最多的抗體是IgG，約占所有抗體的75%。IgG不僅可以用來抵禦一般病原體的攻擊，也可以透過胎盤從母親身上傳遞給胎兒，在無法自行製造抗體的新生兒期免疫系統中扮演著重要角色。

母乳含有IgA，可保護新生兒的腸道免受病原體感染。因此，儘可能以母乳哺育新生兒是相當重要的事。

展開攻擊的抗體
圖為與抗原（細菌）結合的抗體。抗體由漿細胞釋出，其前端部分可以和抗原專一性結合。另外，抗體也叫作「免疫球蛋白」（immunoglobulin，Ig）。

漿細胞

抗體

抗體基本上呈Y字形，由4條鏈組成：2條長鏈（重鏈、H鏈）與2條短鏈（輕鏈、L鏈）。依抗體種類的不同，H鏈穩定區（constant region）的分子結構與功能也有所差異。

5種抗體

免疫球蛋白A（IgA）
除了血液之外，也存在於母乳、唾液、腸道等處。由兩個抗體相連組成「二聚體」。

免疫球蛋白M（IgM）
以「五聚體」形式存在，由五個抗體相連而成。常用來對付首次侵入的病原體。

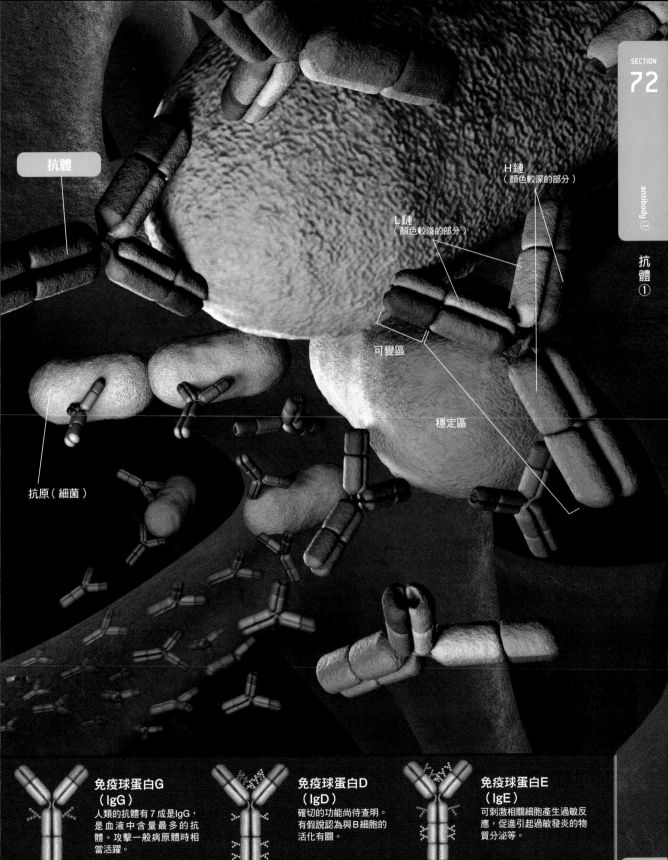

抗體

H鏈
（顏色較深的部分）

L鏈
（顏色較淺的部分）

可變區

穩定區

抗原（細菌）

免疫球蛋白G
（IgG）

人類的抗體有 7 成是IgG，
是血液中含量最多的抗
體。攻擊一般病原體時相
當活躍。

免疫球蛋白D
（IgD）

確切的功能尚待查明。
有假說認為與B細胞的
活化有關。

免疫球蛋白E
（IgE）

可刺激相關細胞生產過敏反
應，促進引起過敏發炎的物
質分泌等。

產生抗體多樣性的基因重組

所有的蛋白質都是依照細胞核內的DNA（基因）序列製造而成。雖然抗體也是蛋白質，不過抗體基因並不是完整的「設計圖」。

以前免疫學研究人員認為，我們的細胞原本就擁有種類繁多的基因可用於製造抗體。然而，若抗體要對各式各樣的入侵者產生反應，單憑固定的基因應該沒有辦法應對。

那麼，我們的身體是如何產生抗體多樣性的呢？一般來說，我們體內細胞的基因一生都不會改變，而且會保持原樣傳給後代。不過，用來製造抗體的基因分成了許多片段，分散在染色體DNA中。這些片段可自由排列組合，產生1000兆種以上的抗體。揭示這個抗體基因重組機制的利根川進博士，因而獲得1987年的諾貝爾生理醫學獎。

1. 細胞會分別從V、D、J這三個基因群中隨機選出一個個基因片段，再將各基因片段上其餘的DNA切成環狀。所選的基因片段彼此結合，構成某種抗原結合部位的基因（基因重組）。

4. 得到用來製造抗體的mRNA。

切除的DNA

C基因片段

2. 帶有基因的DNA轉錄出前信使RNA（hnRNA）。

3. 轉錄出來的hnRNA中，不需要的部分再予以切除（RNA剪接）。

J基因片段

D基因片段

V基因片段

C

J

D

V

抗體的製造機制

圖為針對某特定抗原製造相應抗體的過程。我們體內的每個細胞都擁有相同的基因，但是B細胞（漿細胞）用來製造抗體的基因是以多種基因片段隨機排列組合而成。

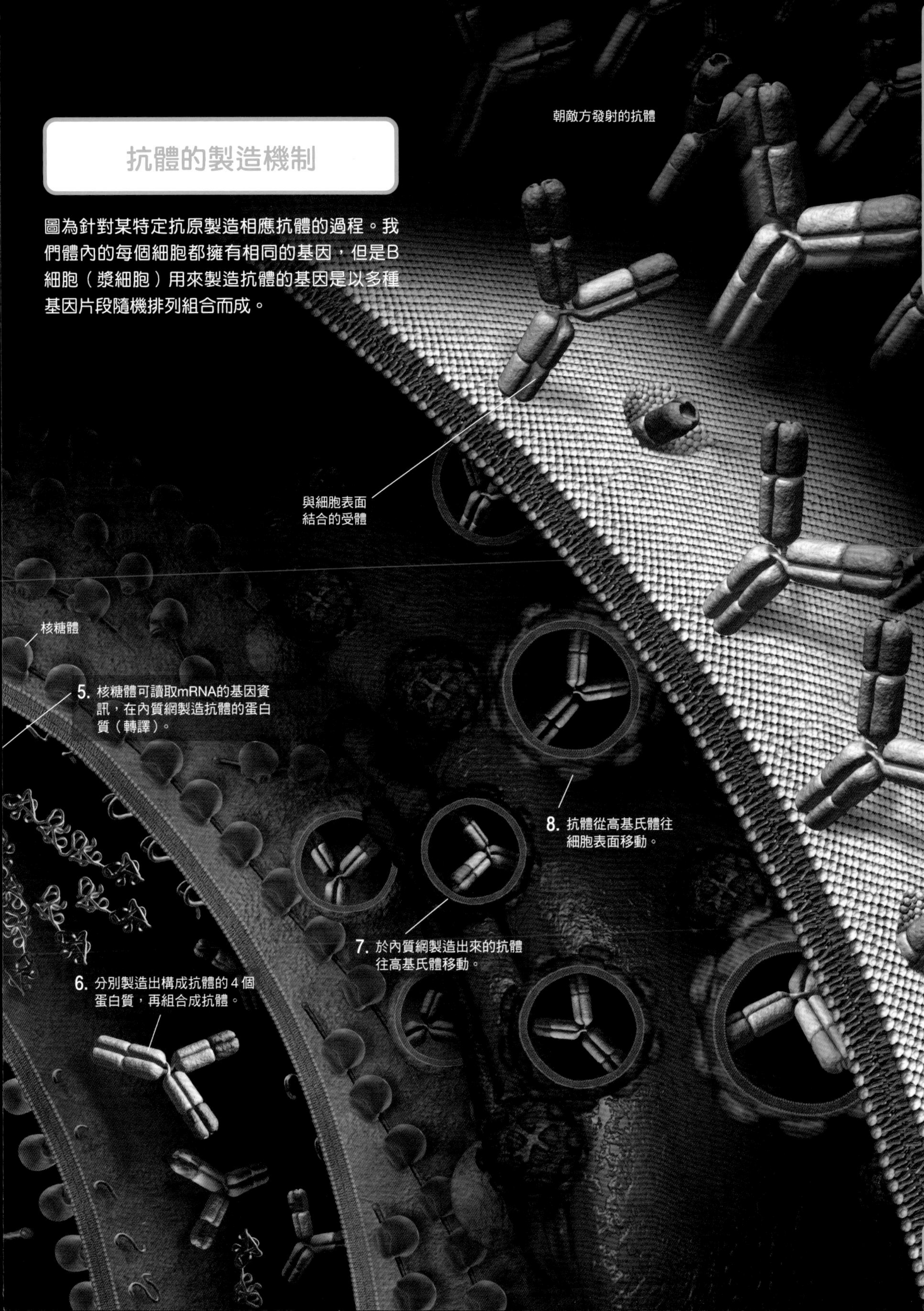

朝敵方發射的抗體

與細胞表面結合的受體

核糖體

5. 核糖體可讀取mRNA的基因資訊，在內質網製造抗體的蛋白質（轉譯）。

8. 抗體從高基氏體往細胞表面移動。

7. 於內質網製造出來的抗體往高基氏體移動。

6. 分別製造出構成抗體的4個蛋白質，再組合成抗體。

器官移植時的排斥反應乃T細胞所造成

從1950年代起,人們嘗試將他人的器官或組織移植到患者身上,以治療受損部位。但移植後經常引發排斥反應,使得移植的器官或組織只能存活一小段期間。過去的醫師對這種現象束手無策,後來才知道原因在於患者的T細胞會攻擊外來的器官或組織。T細胞可以分辨細胞是否屬於個體自身,並攻擊非自身的細胞。身體把「非自身」細胞視為病原體並加以攻擊的機制,是維護身體健康的重要反應。移植來的細胞也屬於「非自身」細胞,所以T細胞會發動攻擊。

事實上,所有細胞表面都有「MHC」(主要組織相容複合體,major histocompatibility complex)這種分子※。每個人的MHC分子結構都不一樣,故T細胞可透過MHC分子辨別細胞是否屬於個體自身。MHC分子結構相似的人非常少,所以要找到器官或組織的捐贈者是件很困難的事。

※:人的MHC又叫作「HLA」(人類白血球抗原,human leukocyte antigen)。

專欄 COLUMN MHC分子

MHC分子有2種:MHCⅠ類與MHCⅡ類。所有細胞都擁有MHCⅠ類,當細胞遭病毒感染時,可藉此將病毒的抗原資訊傳遞給免疫細胞(亦可用於辨別細胞是否屬於個體自身)。另一方面,僅樹突細胞、巨噬細胞、B細胞等部分免疫細胞擁有MHCⅡ類。由樹突細胞、巨噬細胞等吞下之病原體的資訊,可透過MHCⅡ類將抗原傳遞給輔助T細胞(抗原呈現)。故擁有MHCⅡ類的免疫細胞也叫作「抗原呈現細胞」。

1. 殺手T細胞與自然殺手細胞攻擊非自身細胞。

非自身細胞(移植細胞)

引發排斥反應的機制

殺手T細胞與自然殺手細胞(NK細胞)負責消滅體內的非自身細胞。另外,可辨別非自身細胞的B細胞也會製造抗體加以攻擊。這會造成強烈的排斥反應。

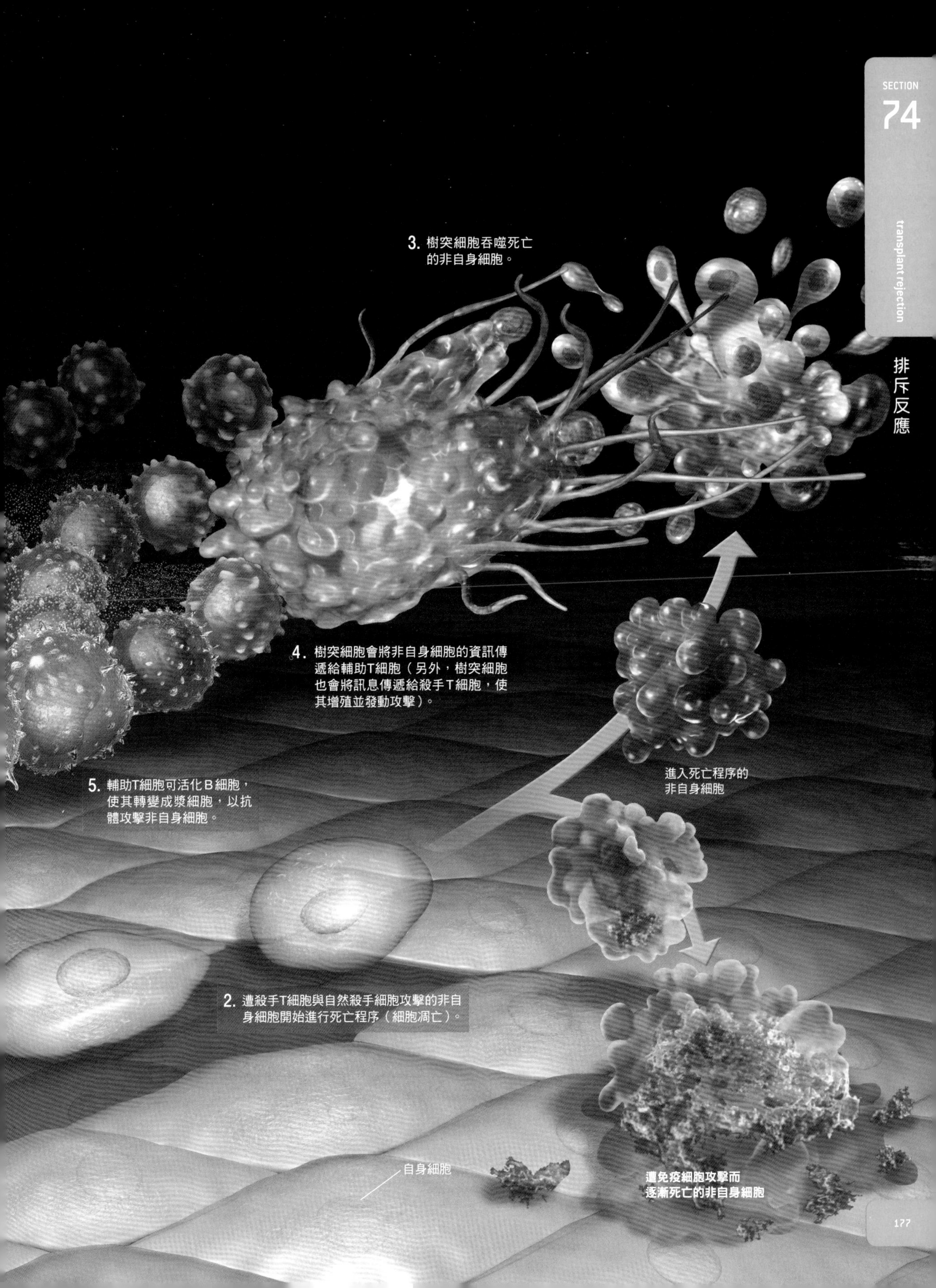

3. 樹突細胞吞噬死亡
的非自身細胞。

4. 樹突細胞會將非自身細胞的資訊傳
遞給輔助T細胞（另外，樹突細胞
也會將訊息傳遞給殺手T細胞，使
其增殖並發動攻擊）。

進入死亡程序的
非自身細胞

5. 輔助T細胞可活化B細胞，
使其轉變成漿細胞，以抗
體攻擊非自身細胞。

2. 遭殺手T細胞與自然殺手細胞攻擊的非自
身細胞開始進行死亡程序（細胞凋亡）。

自身細胞

遭免疫細胞攻擊而
逐漸死亡的非自身細胞

6

ES細胞／iPS細胞

ES cell / iPS cell

擁有再生能力的蟎螈與渦蟲

當人類由於某些緣故失去手腳時，無法自行再生出相同的肢體。不過在自然界中，某些生物與生俱來的再生能力非常強。「蟎螈」就是頗具代表性的生物。把蟎螈的腳或尾巴切斷，經過數月之後就會再生。有研究報告指出，在16年內將其眼睛的

腳可以再生的蟎螈

切斷蟎螈的腳之後，切面會長出凸起「再生芽」（regeneration bud）。再生芽內的肌肉與軟骨細胞會回復到分化前的狀態。隨著再生芽的成長，內部細胞數量也逐漸增加，再次分化成骨頭、肌肉等細胞。

A1. 切斷腳

A2. 形成再生芽

再生芽

再生芽內的細胞

A3. 再生芽成長

再生芽的細胞數量增加，分化成肌肉、骨頭等細胞。

蟎螈（有尾兩生動物）

A4. 腳再生

水晶體切除18次，每次都能長回來。而且，在蠑螈還是幼體時，連腦部都可以再生。

雖然如此，若將其身體腰斬，即便是蠑螈也無法再生。不過「渦蟲」這種生物就不一樣了，若將其全身切成許多片段，這些片段都會各自再生成一隻隻渦蟲。

渦蟲長到一定大小時，就會自行斷成前後兩個片段，長成2隻渦蟲（無性生殖）。換言之，對渦蟲來說，再生是用於繁殖的一種方法。再者，渦蟲在某些環境下也會製造卵與精子來繁衍下一代（有性生殖）。

＊蠑螈是棲息於小河等地的兩生動物（Amphibian），體長10公分左右。渦蟲則是體長1公分左右的扁行動物（Platyhelminthes）。

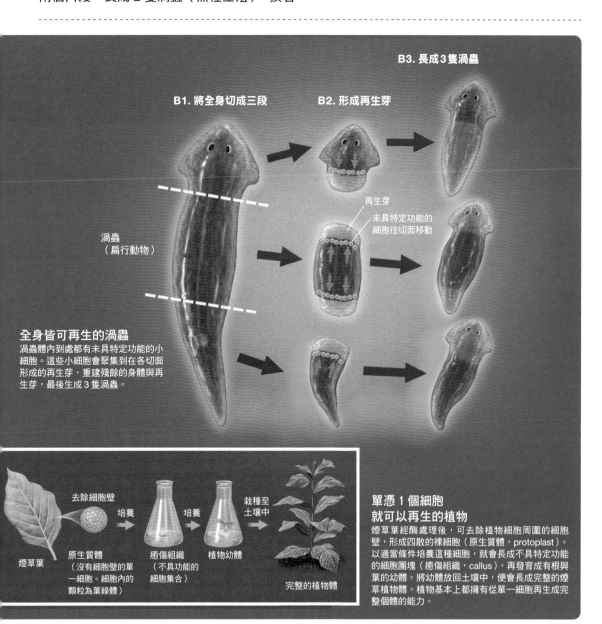

B3. 長成3隻渦蟲

B1. 將全身切成三段　　**B2. 形成再生芽**

再生芽
未具特定功能的細胞往切面移動

渦蟲
（扁行動物）

全身皆可再生的渦蟲
渦蟲體內到處都有未具特定功能的小細胞。這些小細胞會聚集到各切面形成的再生芽，重建殘餘的身體與再生芽，最後生成3隻渦蟲。

去除細胞壁　　培養　　培養　　栽種至土壤中

煙草葉　　原生質體　　癒傷組織　　植物幼體
（沒有細胞壁的單　（不具功能的
一細胞。細胞內的　細胞集合）
顆粒為葉綠體）
　　　　　　　　　　　　　　完整的植物體

單憑1個細胞就可以再生的植物
煙草葉經酶處理後，可去除植物細胞周圍的細胞壁，形成四散的裸細胞（原生質體，protoplast）。以適當條件培養這種細胞，就會長成不具特定功能的細胞團塊（癒傷組織，callus），再發育成有根與葉的幼體。將幼體放回土壤中，便會長成完整的煙草植物體。植物基本上都擁有從單一細胞再生成完整個體的能力。

就像樹幹開枝散葉一樣，幹細胞可分化成多種細胞

我們身上的皮膚（表皮細胞）經過數十天後，就會變成污垢從體表脫落。因為皮膚內有一套再生表皮細胞的機制，可以補充脫落的部分，維持皮膚現有的樣子。

指甲、頭髮經過修剪，仍會長回來；跌倒造成的擦傷，總在不知不覺間痊癒；骨折的地方經過數個月就能癒合。這表示，人類也有一定程度的再生能力。

「幹細胞」可以分化成失去的細胞

人類為什麼不能像渦蟲等生物那樣具備高強的再生能力呢？關鍵就在於「幹細胞」。幹細胞可以轉變成任何一種身體失去的細胞。就像樹幹可以長出枝葉一樣，幹細胞可以分化出各式各樣的細胞。

前頁中提到「渦蟲體內到處都有未具特定功能的小細胞」，其

皮膚的再生

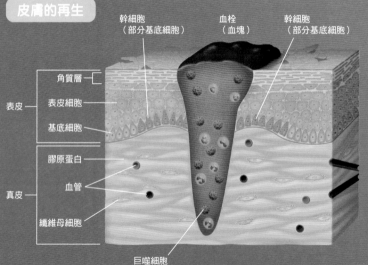

幹細胞
（部分基底細胞）

血栓
（血塊）

幹細胞
（部分基底細胞）

表皮 ┤ 角質層
表皮細胞
基底細胞

真皮 ┤ 膠原蛋白
血管
纖維母細胞

巨噬細胞

1. 引起發炎反應
皮膚受傷時會出血，形成血栓。此時，負責免疫作用的巨噬細胞等細胞會往傷口聚集，引起發炎反應。

2. 表皮下形成新「底層」（↓）
纖維母細胞從周圍的真皮移動到傷口，大量增殖的同時生成膠原蛋白，在真皮的部分形成「肉芽組織」（granulation tissue）。接著，表皮最內側的基底細胞移動過來，形成新表皮「底層」。

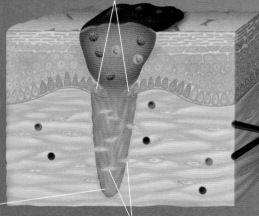

基底細胞移動

表皮

真皮

皮膚的傷口
（割傷）

肉芽組織
（由纖維母細胞
與膠原蛋白構成）

纖維母細胞

實指的就是指渦蟲的幹細胞。重點在於幹細胞可以分化成任何一種細胞，該性質叫作「全功能」（totipotency）。因為渦蟲有許多全功能幹細胞，不管失去身體的哪個部位，都有辦法再生。

人類也有幹細胞

事實上，人類體內也有幹細胞。不過人的幹細胞有很多種，分別存在於體內各部位。譬如硬骨內部（骨髓）有「造血幹細胞」，未來會分化成紅血球、白血球等；皮膚有「基底細胞」；

肝臟有「肝幹細胞」等等。另外，成體的幹細胞又叫作「組織幹細胞」。

人類的幹細胞並不像渦蟲那樣具有全功能。皮膚的幹細胞可以分化成皮膚細胞，卻沒辦法分化成肌肉或神經細胞。人類與渦蟲的再生能力之所以有所差異，就是因為幹細胞的能力有落差。

為什麼人類體內就沒有全功能幹細胞呢？包括人類在內的哺乳類動物，身體結構都遠比渦蟲複雜。犧牲各個細胞的分化自由，限縮細胞的發展路線，或許比較有利於維持這個複雜的身體運作。上述的假說雖然是如此見解，但是要驗證是否為真依舊太過困難。

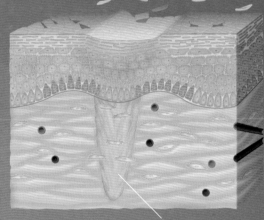

4. 表皮再生完成
角質層長完後，表皮的再生大功告成。原本帶傷的真皮部分留下由肉芽組織轉變而來的「瘢痕組織」（scar tissue），與周圍的真皮外觀略有差異，故會留下疤痕。

瘢痕組織
（由肉芽組織變化而來）

3. 表皮開始再生
基底細胞增殖，多出來的細胞轉變成表皮細胞。該過程反覆進行之後，表皮漸漸往外增厚。另外，每天都有舊的表皮細胞化作污垢從身上剝落，而補充新的表皮細胞也是基底細胞的工作。

污垢
（剝落的表皮細胞）

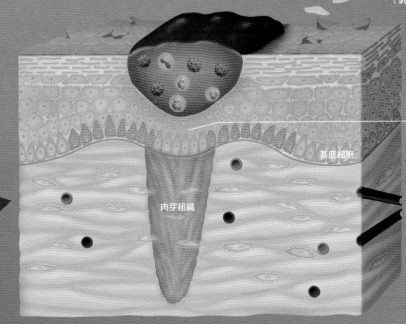

基底細胞增殖後轉變成表皮細胞

基底細胞

肉芽組織

可以無限增殖的 「ES細胞」

如 果人類能夠擁有「全功能幹細胞」，那麼不管是多嚴重的疾病、重傷，一定都有辦法治療吧！事實上，這種如夢似幻的想法已經有一定雛形了，那就是「ES細胞」（embryonic stem cell，胚胎幹細胞）帶來的可能性。

「胚胎」（embryo）是胎兒之前的階段，是一群細胞的集合。1981年，英國生物學家埃文斯（Martin Evans，1941～）博士等人取出小鼠早期胚（囊胚※）內側的細胞，找出在體外培養這些細胞的條件。這些ES細胞可以在培養皿中無限增殖，而且能夠分化成胎盤以外所有種類的細胞。

17年後的1998年，美國威斯康辛大學的湯姆森（James Thomson，1958～）教授成功培養出人類的ES細胞。雖然ES細胞沒有全功能，卻擁有多功能（pluripotent）。換言之，湯姆森培養出人類的多功能幹細胞。

※：受精卵於胚初期分裂6～7次後形成的細胞團，約有100個細胞。

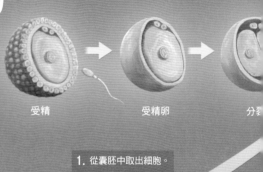

受精　　　　受精卵　　　　分裂

1. 從囊胚中取出細胞。

2. 在特殊條件下培養。

3. 出現ES細胞的細胞團。

ES細胞

打開早期胚（囊胚），取出其內側「內部細胞塊」的細胞，以特殊條件培養後就可以得到ES細胞。ES細胞可以分化成任何種類的細胞，只有胎盤除外。為了與全功能有所區別，將這種特性稱作「多功能」。

埃文斯
世界首位成功培養出小鼠ES細胞（1981年）的科學家。

湯姆森
世界首位成功培養出獼猴（恆河猴）ES細胞（1995年）與人類ES細胞（1998年）的科學家。

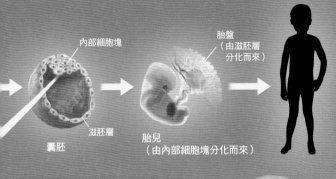

內部細胞塊

胎盤
（由滋胚層
分化而來）

囊胚

滋胚層

胎兒
（由內部細胞塊分化而來）

ES 細胞培養過程

即使放回子宮也
無法長成個體。

4. 無限增殖
在適當培養條件下，ES細胞
大約每 2 天會分裂 1 次，且
可以無限增殖培養。

神經細胞
（神經元）

纖維母細胞

血球

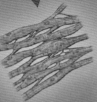

心肌

5. 可分化成各式各樣的細胞
ES細胞可以分化成神經細胞（神經元）、血球、
心肌等體內多種細胞。不過，由於無法分化出胚
胎發育成個體時所需的「胎盤」，所以即使將ES
細胞放回子宮也無法長成個體。

阻礙ES細胞實用化
的兩堵高牆

骨髓移植與心臟移植等「移植療法」一直存在著捐贈者不足的問題。尤其是只能由腦死患者捐贈的心臟移植，問題更是嚴重。為了克服這種困難，人們開始嘗試以人工方式製造用於移植的細胞與組織，也就是「再生醫療」。再生醫療可以用ES細胞（人類ES細胞）作為細胞或器官移植的來源，但距離實用化還有兩道障礙有待解決。

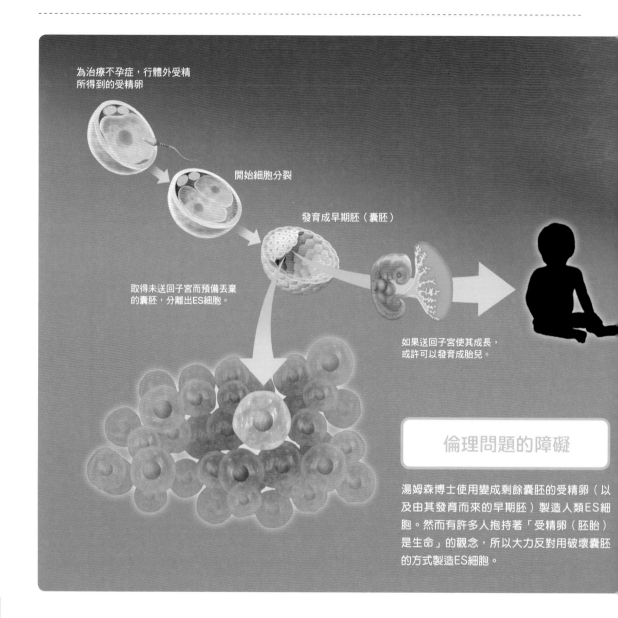

為治療不孕症，行體外受精所得到的受精卵

開始細胞分裂

發育成早期胚（囊胚）

取得未送回子宮而預備丟棄的囊胚，分離出ES細胞。

如果送回子宮使其成長，或許可以發育成胎兒。

倫理問題的障礙

湯姆森博士使用變成剩餘囊胚的受精卵（以及由其發育而來的早期胚）製造人類ES細胞。然而有許多人抱持著「受精卵（胚胎）是生命」的觀念，所以大力反對用破壞囊胚的方式製造ES細胞。

第一個是「倫理問題」。在治療不孕症的過程中，會以人工方式誘發排卵，取得10個左右的卵子，然後將其放在試管內行體外受精。發育成早期胚後，再將其中1～2個放回子宮，試行懷孕。至於剩下的則作為備用，將其冷凍保存，倘若懷孕失敗再拿出來使用。若順利懷孕的話，冷凍保存的早期胚將成為「剩餘囊胚」。製造人類的ES細胞時，就是將這些剩餘囊胚放入試管中培養，然後

再分離出ES細胞繼續培養。剩餘囊胚多會丟棄處理，然而只要把這些囊胚放入子宮就能發育成嬰兒，所以破壞這些囊胚的行為招致強烈的批判。

第二個是「排斥反應」。患者與剩餘囊胚的DNA不同，所以ES細胞對患者來說是「他人」（非自身）的細胞。因此，即使將ES細胞培育成的細胞或器官移植到患者體內，也會被免疫系統視為外來物，產生排斥反應。

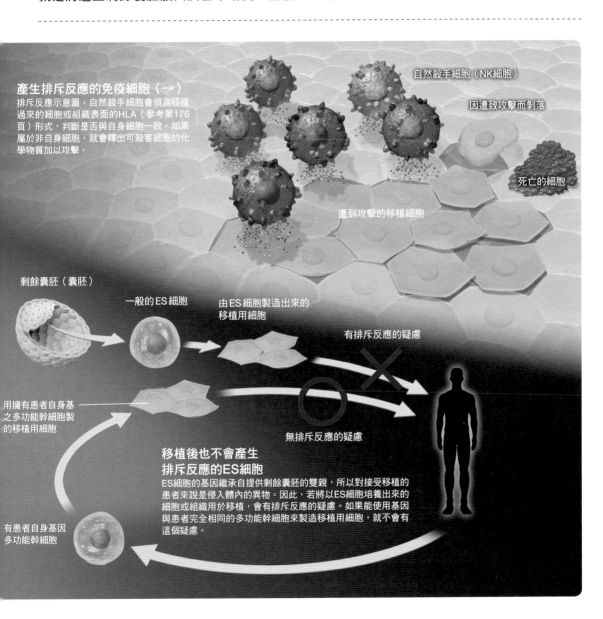

產生排斥反應的免疫細胞（→）
排斥反應示意圖。自然殺手細胞會偵測移植過來的細胞或組織表面的HLA（參考第176頁）形式，判斷是否與自身細胞一致。如果屬於非自身細胞，就會釋出可殺害細胞的化學物質加以攻擊。

自然殺手細胞（NK細胞）

因遭致攻擊而剝落

死亡的細胞

遭到攻擊的移植細胞

剩餘囊胚（囊胚）

一般的ES細胞

由ES細胞製造出來的移植用細胞

有排斥反應的疑慮

用擁有患者自身基因之多功能幹細胞製的移植用細胞

無排斥反應的疑慮

移植後也不會產生排斥反應的ES細胞
ES細胞的基因繼承自提供剩餘囊胚的雙親，所以對接受移植的患者來說是侵入體內的異物。因此，若將以ES細胞培養出來的細胞或組織用於移植，會有排斥反應的疑慮。如果能使用基因與患者完全相同的多功能幹細胞來製造移植用細胞，就不會有這個疑慮。

有患者自身基因多功能幹細胞

複製羊「桃莉」的誕生

早期胚的細胞具有分化成人體任何部位的能力。如果能將患者的細胞取出，使其倒轉到早期胚的狀態，應該就可以得到「自己的多功能幹細胞」，移植回身體也不會產生排斥反應。

這種倒轉細胞時鐘的過程，稱作「再程序化」（reprogramming）。英國生物學家格登（John Gurdon，1933～）於1962年進行實驗，用蝌蚪細胞（小腸上皮）的細胞核取代別隻蛙的未受精卵子細胞核。結果細胞核換掉之後，該卵子表現出受精卵的發展狀態，並發育成了蝌蚪。此後很長一段時間都認為很難用哺乳類動物去重現同樣的實驗，然則，英國的威爾穆特（Ian Wilmut，1944～）博士採用這種方法，於1997年發表世界第一隻複製羊「桃莉」誕生。

複製（clone）體與同卵雙胞胎類似，即「擁有與某個體完全相同之遺傳訊息的另一個體」。威爾穆特博士從成體綿羊身上取出乳腺細胞，然後將其細胞核移植到已預先去除細胞核的卵子內，藉此製造出與原綿羊基因完全相同的另一隻綿羊。

綿羊B

取出卵子

去除細胞核

2．
從與綿羊A不同品種的雌綿羊（綿羊B）體內取出卵子，並去除其細胞核。

綿羊A

分化成乳腺的細胞

1．
從6歲雌綿羊（綿羊A）的乳腺取出細胞。

桃莉羊的誕生證明再程序化成功

分化成乳腺細胞的細胞核經過組織蛋白修飾與DNA甲基化（參考第95頁）之後，其分化狀態已定型。不過該細胞核進入卵子細胞後，卻能發育成桃莉羊。這表示在卵子細胞內的某些因子作用下，解除了乳腺細胞細胞核內的既有設定（再程序化），成功恢復了受精卵所擁有的全功能。

威爾穆特
英國生物學家。1996年世界第一隻複製羊「桃莉」誕生，於1997年發表。

格登
英國生物學家。1962年以非洲爪蟾體細胞培育出世界首例複製蛙。被譽為細胞核移植技術（複製技術）之父。

3 ‧
將綿羊A的乳腺細胞細胞核移植到去除細胞核的綿羊B卵子（細胞核移植）。

4 ‧
施予電刺激以融合細胞，使其開始細胞分裂。

綿羊A已分化的細胞細胞核在綿羊B卵子內因子的作用下，啟動再程序化。

複製羊「桃莉」
（雌綿羊，1996 年誕生）

複製體的囊胚

5 ‧
使其發育成囊胚後，再移植到與綿羊A不同品種的代理孕母（綿羊C）子宮內，待其生產。

植入子宮

6.
由順利長成個體可知，綿羊A分化成乳腺的細胞核曾經歷完全的「再程序化」，回復受精卵狀態。

生產　　　　　　　　　　**綿羊C**

189

不會產生排斥反應的「複製ES細胞」

從需要移植的患者身上採集細胞，再將其細胞核移植到其他女性提供的卵子內（先移除卵子的細胞核）。待這個卵發育成囊胚，再從中取出ES細胞。上述實驗過程雖然還在假設階段，不過若能加以實現，應能順利製造出不會產生排斥反應的ES細胞。

依照上述方式製成的ES細胞稱作「複製ES細胞」。2004年，韓國的黃禹錫教授曾發表研究報告，聲稱已成功製造出複製ES細胞。這項研究成果受到許多人關注，但後來卻證實是捏造出來的。此後複製ES細胞的研究停滯了好一段時間，直到2013年奧勒岡靈長類研究中心的米塔利波夫（Shoukhrat Mitalipov，1961～）終於成功製造出人類的複製ES細胞。

複製ES細胞成功解決了排斥問題。不過，必須破壞已受精的胚胎才能夠製造ES細胞，這一點仍沒有改變。而且又有新的問題產生，譬如會對卵子捐贈者造成負擔，或者是研究團隊可能嘗試用複製的胚胎造出複製人等等。

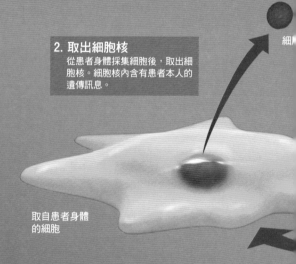

卵子

卵子捐贈者

移除卵子的細胞核。

移除細胞核的卵

2. 取出細胞核
從患者身體採集細胞後，取出細胞核。細胞核內含有患者本人的遺傳訊息。

細...

取自患者身體的細胞

1. 從患者身體採集細胞
取出患者本人的細胞。理論上可使用已分化完成的細胞，所以體內任何一種細胞都適用。

造出複製ES細胞

用以製造桃莉羊的細胞核移植技術問世之後，人們開始嘗試製造不會產生排斥反應的ES細胞，為再生醫療開啟新的道路。圖為利用患者的體細胞與其他女性提供的卵子，製造複製ES細胞的程序。

投身於複製ES細胞的研究者

日本理化學研究所的若山照彥博士（最左）是世界首位成功培養出小鼠複製ES細胞（2001年）的科學家。另外，米塔利波夫博士（左）則在2007年11月造出獼猴（恆河猴）的複製ES細胞，更在2013年成功造出人的複製ES細胞。

3. 將患者的細胞核移植到卵子
備妥已去除細胞核的卵子，再將取自患者細胞的細胞核移植到卵子內。細胞核移植完成後，開始再程序化。

4. 細胞分裂形成囊胚
細胞核移植完成後，移至試管內培養。最後得到擁有患者本人遺傳訊息的囊胚（複製囊胚）。

5. 製造複製ES細胞
從複製囊胚中取出內部細胞塊，製造複製ES細胞。

再程序化　　分裂　　複製囊胚

複製囊胚
（囊胚）

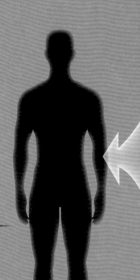

神經細胞

心肌　　紅血球

纖維母細胞

白血球　淋巴球

複製
ES細胞

需要移植
的患者

6. 分化後移植回患者體內
使複製ES細胞分化成體內各處的細胞，如此一來，形成的細胞就會擁有患者本人的遺傳訊息。將這些細胞用於治療，就不會產生排斥反應了。

不使用囊胚的終極多功能幹細胞「iPS細胞」

京都大學的山中伸彌教授曾經試著挑戰製造不同於ES細胞的終極多功能幹細胞。山中教授的目標是在不使用囊胚與複製技術的情況下，由成人的皮膚細胞製造出與ES細胞分化能力相近的多功能幹細胞。

皮膚細胞與ES細胞的外型與分化能力完全不同。這是因為在兩者細胞內活躍的因子（蛋白質）組合截然不同。那麼，只要找到ES細胞內活躍的因子，再將同樣的因子強行送入皮膚細胞內，應該就能使皮膚細胞轉變成ES細胞的狀態吧？這就是山中教授的想法。

山中教授選擇將因子的設計圖 —— 基因 —— 送入細胞內，而非使用因子本身。這種方法會用到基因治療領域常用的「反轉錄病毒載體」（retroviral vector）。

找出再程序化必要的4個基因

決定策略後，山中教授馬上開始尋找相關因子。一開始，他連這些因子有幾個都毫無頭緒，可能是1個、10個，也可能是100個[※1]。後來他在日本理化學研究所的資料庫中找到線索，裡頭列出了各種組織及細胞內特別活躍的基因。山中教授分析該資料庫後，把ES細胞內特別活躍的約100個基因列成清單。花了4年左右，從清單中篩選出24個對ES細胞來說特別重要的基因。

接著，山中教授利用反轉錄病毒載體，將這24個基因一次強行送入成體小鼠的皮膚細胞中。結果皮膚細胞確實發生再程序化，轉變成為類似ES細胞的細胞。然後他再進一步逐個驗證這24個基因，終於找到再程序化時必備的4個基因。這些基因分別是「Oct3/4」、「Sox2」、「Klf4」以及「c-Myc」，合稱為「山中因子」。

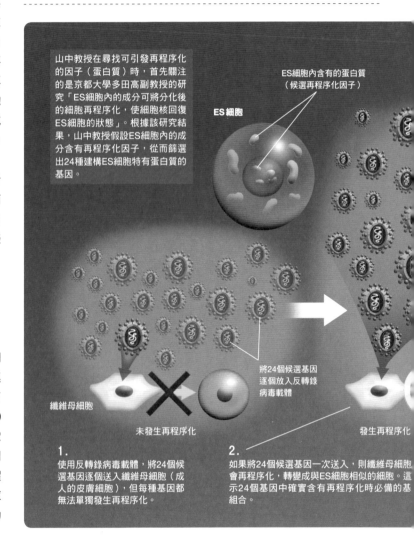

山中教授在尋找可引發再程序化的因子（蛋白質）時，首先關注的是京都大學多田高副教授的研究「ES細胞內的成分可將分化後的細胞再程序化，使細胞核回復ES細胞的狀態」。根據該研究結果，山中教授假設ES細胞內的成分含有再程序化因子，從而篩選出24種建構ES細胞特有蛋白質的基因。

ES細胞內含有的蛋白質（候選再程序化因子）

ES細胞

將24個候選基因逐個放入反轉錄病毒載體

纖維母細胞

未發生再程序化

發生再程序化

1.
使用反轉錄病毒載體，將24個候選基因逐個送入纖維母細胞（成人的皮膚細胞），但每種基因都無法單獨發生再程序化。

2.
如果將24個候選基因一次送入，則纖維母細胞會再程序化，轉變成與ES細胞相似的細胞。這示24個基因中確實含有再程序化時必備的基因組合。

「iPS細胞」於焉誕生

山中教授將4個基因送入小鼠的皮膚細胞內，造出多功能幹細胞，並將該成果發表於2006年8月10日出刊的學術期刊《Cell》電子版。這是全世界第一個不使用囊胚就造出終極多功能幹細胞的例子。這種革命性的多功能幹細胞名為「iPS細胞」（induced Pluripotent Stem cell，人工多功能幹細胞）。

「製造iPS細胞的目的是救助患者」，山中教授秉持著這樣的信念，積極投入iPS細胞的製造。另一方面，全世界第一個造出人類ES細胞的湯姆森教授（參考第184頁）也朝著相同目標戮力研究。山中教授占據領先地位，湯姆森教授則在後方急速追趕。經過激烈的競爭後，兩個人在同一天（2007年11月20日）發表成功以人類皮膚細胞製作出iPS細胞的研究結果[2]。

山中教授使用的是與製作小鼠iPS細胞時相同的4個基因。湯姆森教授也使用4個基因，其中2個與山中教授相同，另外2個則不同。而在短短10天後的11月30日，山中教授在新的研究報告中證實，即使不使用4個基因中的「c-Myc」，也可以順利製造出iPS細胞。因為c-Myc是可能引發癌症的「致癌基因」，所以取消該基因的使用有助於提升iPS細胞的安全性。

※1：當時，學界認為人類有約10萬個基因（實際上約2萬5000個）。
※2：山中教授在《Cell》的電子版，湯姆森教授則在《Science》的電子版發表成果。

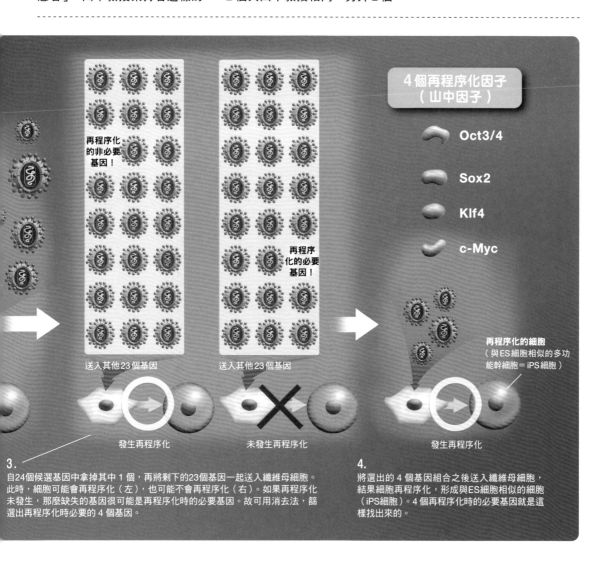

4個再程序化因子
（山中因子）

Oct3/4

Sox2

Klf4

c-Myc

再程序化的非必要基因！

再程序化的必要基因！

送入其他23個基因

送入其他23個基因

發生再程序化

未發生再程序化

發生再程序化

再程序化的細胞
（與ES細胞相似的多功能幹細胞＝iPS細胞）

3.
自24個候選基因中拿掉其中1個，再將剩下的23個基因一起送入纖維母細胞。此時，細胞可能會再程序化（左），也可能不會再程序化（右）。如果再程序化未發生，那麼缺失的基因很可能是再程序化時的必要基因。故可用消去法，篩選出再程序化時要的4個基因。

4.
將選出的4個基因組合之後送入纖維母細胞，結果細胞再程序化，形成與ES細胞相似的細胞（iPS細胞）。4個再程序化時的必要基因就是這樣找出來的。

	受精卵	2細胞期	4細胞期	8細胞期	桑椹胚
分裂次數	0次	1次	2次	3次	4～5次
細胞數	1個	2個	4個	8個	16～32個
受精後	0天	1～2天	1～2天	1～2天	2～3天
發育階段					
特徵	擁有全功能的1個細胞 精子與卵子結合成1個細胞（受精卵）。擁有全功能，可分化成所有種類的細胞，組成1個完整個體。此時大小約0.1～0.17毫米。	分裂成2個細胞 受精卵分裂成2個細胞，整體大小與受精卵無異。若將這2個細胞各自分開，可分別長成完整個體。	分裂成4個細胞 繼續分裂成4個細胞。整體大小與受精卵無異。若將這4個細胞各自分開，可分別長成完整個體。	分裂成8個細胞 繼續分裂成8個細胞。整體大小與受精卵無異。若將這8個細胞各自分開，已無法分別長成完整個體。	細胞間出現差異 發育成為由數十個細胞組成的「桑椹胚」（morula），形似桑椹果實。整體大小與受精卵無異。內、外兩側細胞的性質開始出現差異。

受精卵發育為
成體的過程

分裂過程與
胚層分化的
示意圖

透明帶（包裹細胞的果凍狀外膜）

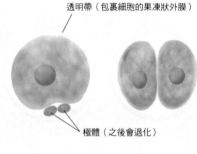   

極體（之後會退化）

人體發育與「多功能幹細胞」

圖為受精卵經多次分裂後發育成胚胎、胎兒，接著出生、長大成人的過程（參考《Color atlas of embryology》）。

專欄
COLUMN

受精卵的全功能

由精子與卵子結合而成的受精卵是擁有「全功能」的細胞，可以分化成身體的任何一種細胞。不過，隨著分裂次數增加，受精卵會逐漸失去其全功能。在小鼠實驗中，如果將受精卵分裂2次後形成的4個細胞打散，每個細胞仍可以長成正常的個體。但如果再分裂1次，將形成的8個細胞打散，就無法發育成正常個體了。一般認為，人類細胞也有同樣的性質。

囊胚

6～7次

100個左右

| 4～6天 | 2週 | 3週 | 4週 |

胚胎

分離成內外 2 層的細胞

發育成由約100個細胞組成的「囊胚」。內部出現空洞，分隔成外側細胞層「滋胚層」（trophoblast）與內側細胞層「內部細胞塊」。胚胎於子宮內膜著床後，開始侵入內膜。

形成外胚層與內胚層

胚胎在子宮內膜中持續變形、成長。內部細胞塊的細胞分化成「外胚層」（ectoderm）與「內胚層」（endoderm）。外側的滋胚層持續成長，形成未來的胎盤。大小約0.2毫米。

形成中胚層

「中胚層」（mesoderm）出現。至此外、內、中這三個胚層皆已形成。外胚層開始發育成神經（腦），中胚層發育成血球、血管等。大小約0.2～2毫米。

心臟開始跳動

開始形成軀體形狀，心臟開始跳動。體長約2～5毫米。

子宮內膜

著床

早期胚
（囊胚）

未來的胎盤

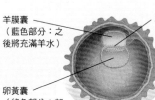

羊膜囊
（藍色部分：之後將充滿羊水）

胚胎
（未來的胎兒）

卵黃囊
（綠色部分：部分會被未來的胎兒吸收至體內）

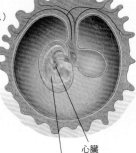

心臟

胚胎（未來的胎兒）

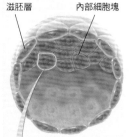

滋胚層

內部細胞塊

取出囊胚的內部細胞塊細胞，移至試管中培養。

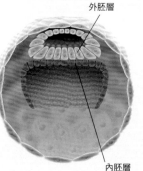

外胚層

內胚層

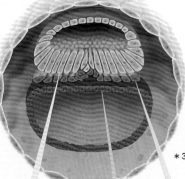

＊3週齡胚胎的橫剖面示意圖。

外胚層
未來會發育成神經、眼睛、表皮等。

中胚層
未來會發育成肌肉、骨骼、血液、皮下組織、心臟、腎臟等。

多功能幹細胞

ES細胞與iPS細胞皆擁有「多功能」，可分化成胎盤以外的所有細胞，稱作多功能幹細胞。

內胚層
未來會發育成胃、小腸內壁（黏膜上皮）、肝臟、胰臟等。

ES 細胞
（胚胎幹細胞）

iPS 細胞（人工多功能幹細胞）

←再程序化

（續下頁）

37次以上※

1000億個左右※

5～8週　　　　　　　　　　　　　　　　　　　　　9～37週左右

胚胎　　　　　　　　　　　　　　　　　　　　　　　　　　**胎兒**

出現人體雛形　　　　　　　　　　　　　　　　　　**逐漸成長的胎兒**
開始出現手腳、眼睛、耳朵、骨骼等結構，　　　　各器官逐漸成熟，體長與體重也顯著增加。體長為3～50公分，體重為
形成人體的雛形。體長約5～30毫米。　　　　　　20～3000公克。此為受精後15週的胎兒示意圖，體長約16公分，體重
　　　　　　　　　　　　　　　　　　　　　　　　　約100公克。

胎盤（從母體獲得
氧氣與養分的器官）

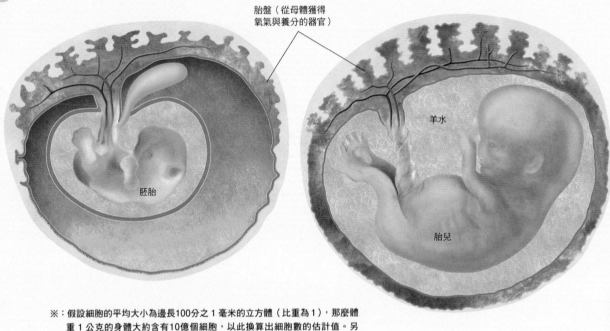

羊水

胚胎

胎兒

※：假設細胞的平均大小為邊長100分之1毫米的立方體（比重為1），那麼體
　　重1公克的身體大約含有10億個細胞，以此換算出細胞數的估計值。另
　　外，分裂次數是由為達到各階段細胞數所需的最少分裂次數計算而得，實
　　際上各個細胞歷經的分裂次數未必一樣。

ES 細胞與 iPS 細胞

ES細胞可以分化成胎盤以外的體內所有細胞，故也稱作「萬能細胞」。不過，破壞胚胎有倫理
上的問題，若要移植給患者也有排斥反應的疑慮。另一方面，iPS細胞不需破壞胚胎便能取得，
也不用擔心排斥反應，就這幾點而言優於ES細胞。另外，ES細胞與iPS細胞的製作方式不同，
不過外觀與能力幾乎沒有區別。

←再程序化

40次以上[※]		44次以上[※]	
約3兆個[※]		約40兆個	
37週左右		18年左右	
新生兒		**成人**	

剛誕生的嬰兒

離開子宮，開始用肺呼吸。身長約50公分，體重約3000公克。

身體長大成人

成人的身體由200多種共約40兆個細胞所構成。

構成成人身體的各種細胞

神經細胞

可傳送電訊號。由外胚層發育而成。

胰島（胰臟）細胞

可分泌降低血糖濃度的激素「胰島素」。由內胚層發育而成。

紅血球

可將氧氣運送至體內各處。由中胚層發育而成。

心肌

使心臟跳動。由中胚層發育而成。

卵子與精子

用於繁衍後代。

纖維母細胞

位於皮膚的皮下組織等，可製造皮下組織的主成分「膠原蛋白」。也可分化成脂肪細胞或平滑肌細胞。由中胚層發育而成。

組織工程學與
幹細胞生物學

再生醫療可分為「組織工程學」（tissue engineering）與「幹細胞生物學」（stem cell biology）等次領域。組織工程學是利用陶瓷或聚合物等人工材質，促進組織或器官再生的醫療領域。舉例來說，為治療嚴重燒傷患者，研究人員投入「人工皮膚」的開發與應用。將人工皮膚貼在患部，可讓難以自我復原的嚴重燒傷在更短的時間內痊癒。

組織幹細胞的醫療應用

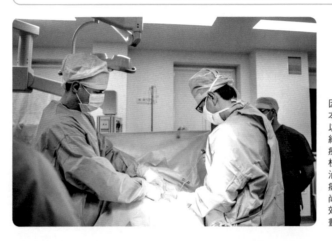

因為組織幹細胞使用的是原本就在患者體內的細胞，所以其安全性比ES細胞或iPS細胞還要高。不過，有些醫療機構會逕行使用沒有科學根據、違反法律的「幹細胞治療」，目前除了針對白血病的造血幹細胞移植之外，尚無法斷定組織幹細胞的療效（照片為骨髓移植手術的畫面）。

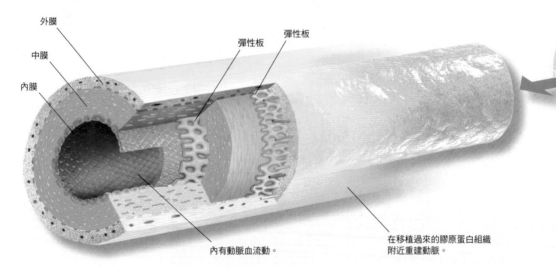

外膜

中膜

內膜

彈性板

彈性板

內有動脈血流動。

在移植過來的膠原蛋白組織附近重建動脈。

另一方面，幹細胞生物學的目標則是用幹細胞進行組織或器官的再生。幹細胞的特色為：①形狀與功能尚未確定的細胞（未分化細胞）；②可以無限分裂；③分裂出來的細胞中，一部分依舊保有幹細胞的樣子，另一部分可分化成有完整形狀與功能的最終細胞。

目前學術團隊研究的幹細胞主要有4種：組織幹細胞（參考第183頁）、ES細胞、複製ES細胞以及iPS細胞。事實上，人們從數十年前起就會用組織幹細胞醫治病患，也就是「骨髓移植」。骨髓移植是將健康者骨髓內的血液幹細胞（造血幹細胞，hematopoietic stem cell）移植到患者體內，是白血病的重要治療方式。現在，研究人員也在嘗試使用骨髓以外的各種組織幹細胞來治療疾病，或是進行牙齒與毛髮等的再生實驗。

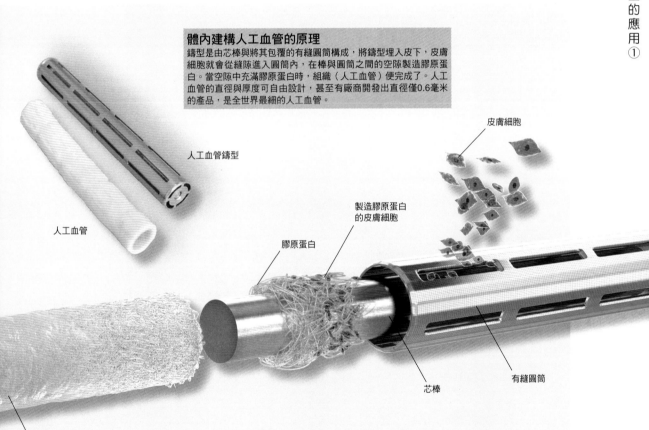

體內建構人工血管的原理
鑄型是由芯棒與將其包覆的有縫圓筒構成，將鑄型埋入皮下，皮膚細胞就會從縫隙進入圓筒內，在棒與圓筒之間的空隙製造膠原蛋白。當空隙中充滿膠原蛋白時，組織（人工血管）便完成了。人工血管的直徑與厚度可自由設計，甚至有廠商開發出直徑僅0.6毫米的產品，是全世界最細的人工血管。

人工血管鑄型

皮膚細胞

人工血管

製造膠原蛋白的皮膚細胞

膠原蛋白

有縫圓筒

芯棒

充滿空隙的膠原蛋白組織

3D列印的醫療應用（組織工程學）

3D生物列印技術已是目前再生醫療領域的焦點之一。以塑膠或金屬等作為材料，用3D列印機、雷射切割機製作鑄型，然後將其暫時埋入腹部。1~2個月後，鑄型內充滿自己膠原蛋白的「生物組織」就此形成。將之取出後就可以移植到身體其他部位。

ES細胞與iPS細胞的醫療應用

2010年，美國進行首次ES細胞的臨床應用※，對象是脊髓損傷造成下半身癱瘓等症狀的患者，使ES細胞的安全性獲得確認。在這之後，還進行了數十例的ES細胞臨床應用。另一方面，2014年9月，研究團隊將iPS細胞分化出來的細胞移植到眼睛視網膜上，這是全世界第一個以iPS細胞治療人類的案例。

iPS細胞不只能用於再生醫療上。日本國內外有許多研究人員紛紛投入「疾病特異性iPS細胞」的研究。所謂疾病特異性iPS細胞，指的是用某特定疾病患者之體細胞製成的iPS細胞。這些繼承了患者基因的細胞可以表現疾病的特徵，故可用於研究以找出病因、用來測試候選藥物的效果等。

或許還要很多年，才有辦法看到ES細胞與iPS細胞在醫療應用方面的普及。不過，這一天的到來確實已指日可待。

※：所謂臨床應用，指的是將基礎醫學研究揭示的新型化學物質、實驗方法等，以治療藥物或治療方法的形式實際用於醫治患者的行為。

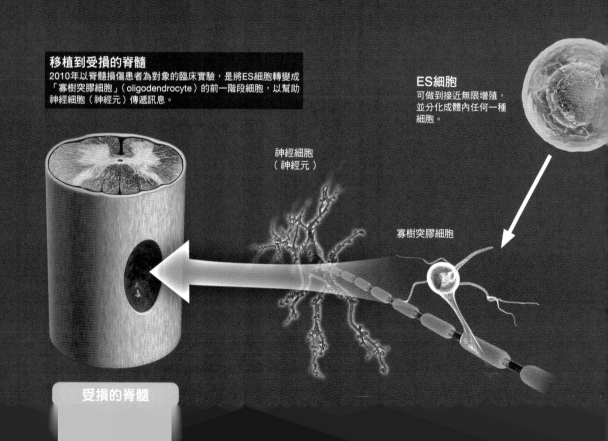

移植到受損的脊髓
2010年以脊髓損傷患者為對象的臨床實驗，是將ES細胞轉變成「寡樹突膠細胞」（oligodendrocyte）的前一階段細胞，以幫助神經細胞（神經元）傳遞訊息。

ES細胞
可做到接近無限增殖，並分化成體內任何一種細胞。

神經細胞
（神經元）

寡樹突膠細胞

受損的脊髓

ES 細胞的應用實例

圖為將ES細胞投入臨床應用的身體部位範例。目前ES細胞的臨床應用多為治療眼睛視網膜的相關疾病。不管用於治療何種疾病，都是先將ES細胞分化成患者所需細胞或是其前一階段的細胞再進行移植。

受損的視網膜（剖面）

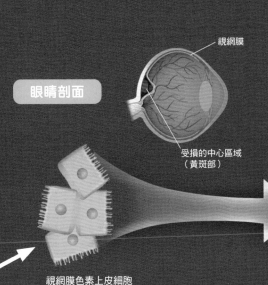

眼睛剖面

視網膜

受損的中心區域
（黃斑部）

視網膜色素上皮細胞

視覺細胞
（視桿細胞、視錐細胞）

移植到受損的視網膜
使ES細胞分化成「視網膜色素上皮細胞」（位於眼睛的視網膜，支撐視覺細胞等部分）後，將其移植到色素上皮細胞的受損部分。

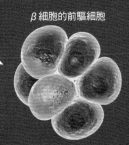

β細胞的前驅細胞

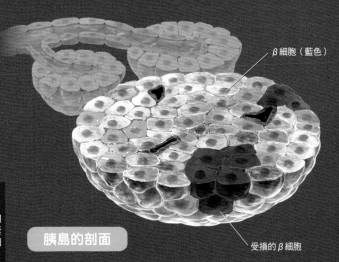

β細胞（藍色）

將胰臟細胞移植到皮下
第一型糖尿病患者胰臟胰島內負責分泌胰島素的「β細胞」受損。據說在美國的臨床試驗中，是將ES細胞分化成β細胞的前驅細胞，接著填入可回收的膠囊內再移植到患者皮下，就可以避免遭到患者的免疫細胞攻擊。

胰島的剖面

受損的β細胞

🔍 基本用語解説

B 細胞
在骨髓成熟的淋巴球。可針對病原體製造抗體並加以攻擊。

DNA
擁有遺傳訊息的鏈狀分子。可以和蛋白質結合,形成「染色質纖維」,保存在細胞核內。在細胞分裂之際會摺疊起來,形成染色體結構。

ES 細胞
從囊胚中取出細胞,在特殊的條件下培養而得的細胞。與iPS細胞一樣,可以分化成胎盤以外的任何一種細胞。

iPS 細胞
不需要使用囊胚就可以製成的幹細胞。可以分化成胎盤以外的任何一種細胞。

T 細胞
在胸腺成熟的淋巴球。包括負責指揮的輔助T細胞,以及發動攻擊的殺手T細胞等。

內質網
在細胞核周圍層層相疊的膜狀結構,可運送在細胞內合成的物質。

分化
從一個個細胞轉變成擁有某種特定功能之細胞的過程。

巨噬細胞
離開血管的單核球在組織內成熟形成。可以吞噬病原體或是細胞的屍體等。

白色脂肪細胞
負責貯藏體內脂肪的貯藏庫。分布於內臟、皮膚下方、肌肉纖維的周圍等。

白血球
隨著血液流動,防範病原體等外敵的入侵。包含顆粒球(嗜中性球等)、淋巴球、巨噬細胞、樹突細胞等等。

全功能
可分化成體內任何一種細胞的能力。由精子與卵子結合而成的受精卵擁有全功能。

多功能
ES細胞、iPS細胞可分化成各式各樣的細胞,除了胎盤以外。為了與「全功能」作出區別,將這種能力稱為「多功能」。

多細胞生物
像人類這樣,由多個細胞組成單一個體的生物。

收縮環
細胞分裂時出現的凹陷,可將細胞「分離」成兩個。

自噬
分解細胞內廢物的系統。有時細胞由於某些緣故無法自外界獲得營養時,也會分解自身(細胞)以提供養分,達到自給自足的目的。

血液
由液體成分血漿,與紅血球、白血球等血球以及血小板所組成。

免疫
排除進入體內之病原體等異物的機制。由先天免疫與後天免疫構成(如果沒有來自樹突細胞的資訊,後天免疫基本上不會發動攻擊)。

抗體
由免疫細胞中的B細胞(淋巴球)分泌的蛋白質,可攻擊侵入體內的病原體等異物(抗原)。

染色體
1個人類體細胞有46條(23條×2套)染色體。染色體分成編號1～22號的「體染色體」,以及X、Y這2種「性染色體」。性染色體X、Y各繼承1個的為男性,繼承2個X的則為女性。

活性氧
保護身體不被侵入的細菌或病毒攻擊的重要物質,可一旦活性氧過多,就會攻擊蛋白質與DNA,造成細胞損傷。損傷累積過多時,會導致細胞功能下降、開始老化,引發各種疾病。

紅血球
中央凹陷,呈雙凹盤狀的細胞。可將氧氣運送至體內各處。

凋亡
細胞自我了斷的細胞死亡。細胞內部會分解成許多小型囊狀物(碎片),最後被巨噬細胞吞噬。

原核生物
原核細胞擁有遺傳訊息,卻沒有明確的細胞核與胞器。由原核細胞構成的生物就叫作原核生物,譬如細菌(真細菌)與古細菌。

核糖體
蛋白質的合成裝置。位於粗糙內質網的表面與細胞質基質內。

真核生物
擁有明確的細胞核且核內有遺傳訊息的細胞,稱作真核細胞。由真核細胞構成的生物就叫作真核生物,譬如動物(包含人類)、植物、真菌、原生生物。

紡錘體
細胞分裂之前出現的結構。形似紡紗時用來捲線的工具「紡錘」,因而得名。

高基氏體
擁有層狀結構,負責將細胞內合成的物質運送到細胞外。

動物細胞
構成動物身體的細胞。無關物種或細胞種類,動物細胞都擁有細胞核、內質網、高基氏體、粒線體等胞器。

基因
DNA中指示蛋白質製造方式與製造時機的區域。

基因體
生物必要的「一整套」資訊。就人類而言，即精子、卵子等生殖細胞擁有的23條染色體中，所含之約30億個鹼基的資訊。

液胞
主要成分為水，可以大幅提升植物細胞體積與表面積的胞器。與動物細胞的溶體有相似功能，可分解廢物等。

淋巴球
構成多細胞生物的一種白血球，掌管免疫系統。大小約0.006～0.015毫米，包括T細胞與B細胞等。

淋巴結
可過濾在體內流動的淋巴液，與紅豆差不多大的裝置。也是巨噬細胞與淋巴球等免疫細胞迎擊入侵者的地方。

粒線體
形似膠囊的胞器，散布在細胞內。有雙層膜與皺褶結構，可製造細胞活動時所需的能量來源（ATP）。

細胞內共生學說
此學說認為，粒線體與葉綠體原本是別種原核生物，當它們被真核生物的祖先吞下後，便開始在細胞內「共生」。

細胞核
收納DNA的胞器。

細胞骨架
細胞內由蛋白質構成的纖維成分。可保持細胞的形狀、與胞器結合使其移動或固定等。

細胞膜
由2層磷脂構成1層細胞膜。不僅可以分隔細胞內外，也管理各種物質的進出。

細胞質
細胞膜包圍住的空間中，細胞核以外的部分。包含各式各樣的胞器。

細胞質基質
細胞質內除了胞器以外的部分。除了水之外，也包含核糖體、蛋白質、葡萄糖、胺基酸等物質。

細胞壁
包覆在植物細胞的細胞膜外側，有支撐植物體的功能。主要的成分是由糖（葡萄糖等）連接而成的「纖維素」。

細胞學說
許來登與許旺提出的學說，認為「細胞是構成所有生物的基本單位」。

單細胞生物
像細菌這樣，由一個細胞組成單一個體的生物。

棕色脂肪細胞
組成棕色脂肪組織的脂肪細胞。內含許多粒線體，可以燃燒脂肪產生熱量。

植物細胞
構成植物體的細胞。除了動物細胞擁有的結構之外，還具備葉綠體、細胞壁、液胞等胞器。

減數分裂
有雄、雌性別之分的生物會行減數分裂產生生殖細胞。減數分裂會分裂兩次，最後形成的細胞染色體條數是分裂前細胞的一半。

嗜中性球
白血球（顆粒球）的一種。可破壞細菌等對身體有害的異物。大小約0.01毫米。

幹細胞
可以分化成身體失去的細胞。就像樹幹開枝散葉一樣，幹細胞也可以長出各式各樣的細胞。

微管
細胞分裂時，由中心體往中央區域延伸的細長中空纖維。

溶體
可分解細胞內廢物的胞器。

葉綠體
植物細胞擁有的胞器，可行光合作用。光合作用是利用太陽光的能量，將二氧化碳與水合成糖，並釋出氧氣。

端粒
正常細胞的分裂次數有上限，就像大眾運輸機構發行的回數票一樣，端粒用完之後就沒辦法再進行分裂。DNA（染色體）末端的端粒長度就相當於回數票。細胞每分裂一次，端粒就會變短一些。

樹突細胞
單核球（白血球的一種）在血管外組織內成熟形成。可抓取部分病原體，再將相關資訊傳遞給輔助T細胞（抗原呈現）。

癌細胞
正常細胞會透過外來的分子訊號判斷應該要分裂還是停止分裂。不過癌細胞內促進細胞分裂的基因發生突變，所以會不斷分裂下去，這會導致體內組織與器官遭到破壞。

壞死
細胞因為來自外界的突發性強烈刺激而死亡。壞死時，細胞膜會破裂，流出內容物。

體細胞分裂
體內細胞平時就會進行的細胞分裂。舉例來說，我們的指甲、頭髮變長的現象就是一種體細胞分裂。細胞會感知周圍的狀況，在必要時進入分裂的循環（細胞週期）。

▼ 索引

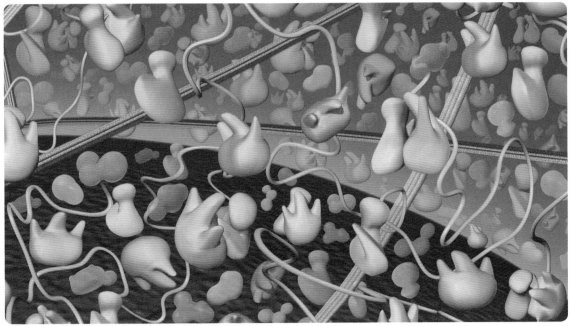

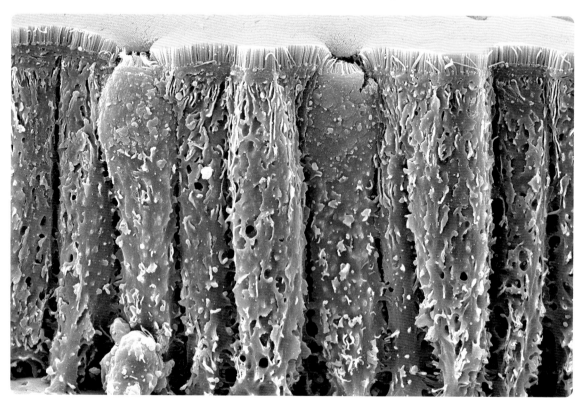

排列於小腸絨毛表面的吸收上皮細胞（粉色，大鼠）。吸收上皮細胞的頂端長有密集的微絨毛。

Staff

Editorial Management	木村直之	Design Format	三河真一（株式会社ロッケン）
Editorial Staff	中村真哉，上島俊秀	DTP Operation	村岡志津加
Writer	薬袋摩耶		

Photograph

052-053	sinhyu/stock.adobe.com	100〜111	新潟大学 牛木辰男
076-077	Newton Press（兵庫県西宮市・リゾ鳴尾浜）	112-113	旭川医科大学 甲賀大輔
090-091	Eric Isselée/stock.adobe.com	114〜131	新潟大学 牛木辰男
091	Evdoha/stock.adobe.com	164-165	Paylessimages/stock.adobe.com
092-093	新潟大学 牛木辰男	198	Vadim/stock.adobe.com
097	umamiseibun/stock.adobe.com	206	新潟大学 牛木辰男
098-099	旭川医科大学 甲賀大輔		

Illustration

002-003	Newton Press
006〜015	Newton Press・荻野瑶海
016-017	Newton Press，小崎哲太郎
017	黒田清桐，小崎哲太郎
018〜051	Newton Press
054〜063	Newton Press
064-065	Newton Press（PDB ID: 3TBL，3MR2，5IUDを元にePMV[Johnson, G.T. and Autin, L., Goodsell, D.S., Sanner, M.F., Olson, A.J. (2011). ePMV Embeds Molecular Modeling into Professional Animation Software Environments. Structure 19, 293- 303) と MSMS molecular surface(Sanner, M.F., Spehner, J.-C., and Olson, A.J. (1996) Reduced surface: an efficient way to compute molecular surfaces. Biopolymers, Vol. 38, (3),305-320]を使用して作成）
066-067	Newton Press・佐藤蘭名
068-069	Newton Press・荻野瑶海
070-071	Newton Press（PDB ID: 1ATNの一部，1B7T，1Y64を元にePMV(Johnson, G.T. and Autin, L., Goodsell, D.S., Sanner, M.F., Olson, A.J. (2011). ePMV Embeds Molecular Modeling into Professional Animation Software Environments. Structure 19, 293-303) と MSMS molecular surface(Sanner, M.F., Spehner, J.-C., and Olson, A.J. (1996) Reduced surface: an efficient way to compute molecular surfaces. Biopolymers, Vol. 38, (3),305-320) を使用して作成）
072〜075	Newton Press
076-077	Newton Press，佐藤蘭名
078-079	Newton Press（PDB ID: 3J2Uと3VHXを元にePMV(Johnson, G.T. and Autin, L., Goodsell, D.S., Sanner, M.F., Olson, A.J. (2011). ePMV Embeds Molecular Modeling into Professional Animation Software Environments. Structure 19, 293-303) と MSMS molecular surface(Sanner, M.F., Spehner, J.-C., and Olson, A.J. (1996) Reduced surface: an efficient way to compute molecular surfaces. Biopolymers, Vol. 38, (3),305-320) を使用して作成）
080-081	Newton Press（PDB ID: 3J2Uと5TD8を元にePMV(Johnson, G.T. and Autin, L., Goodsell, D.S., Sanner, M.F., Olson, A.J. (2011). ePMV Embeds Molecular Modeling into Professional Animation Software Environments. Structure 19, 293-303) と MSMS molecular surface(Sanner, M.F., Spehner, J.-C., and Olson, A.J. (1996) Reduced surface: an efficient way to compute molecular surfaces. Biopolymers, Vol. 38, (3),305-320) を使用して作成）
082-083	Newton Press（PDB ID: 3DU6を元にePMV [Johnson, G.T. and Autin, L., Goodsell, D.S., Sanner, M.F., Olson, A.J. (2011). ePMV Embeds Molecular Modeling into Professional Animation Software Environments. Structure 19, 293-303) と MSMS molecular surface(Sanner, M.F., Spehner, J.-C., and Olson, A.J. (1996) Reduced surface: an efficient way to compute molecular surfaces. Biopolymers, Vol. 38, (3),305-320]を使用して作成）
084-085	Newton Press
086-087	月本事務所
088-089	Newton Press
094〜135	Newton Press
136-137	門馬朝久
138〜143	Newton Press
144-145	木下真一郎
146〜153	Newton Press
154	黒田清桐
155	Newton Press
156-157	月本事務所（AD：月本佳代美，3D監修：田内かほり）
158〜164	Newton Press
166-167	月本事務所
168〜175	月本事務所（AD：月本佳代美，3D監修：田内かほり）
176-177	月本事務所（AD：月本佳代美，3D：今村香代）
178〜199	Newton Press
200-201	Newton Press・木下真一郎
204-205	Newton Press

Galileo科學大圖鑑系列08
VISUAL BOOK OF THE CELL

細胞大圖鑑

作者／日本Newton Press
執行副總編輯／陳育仁
翻譯／陳朕疆
編輯／蔣詩綺
發行人／周元白
出版者／人人出版股份有限公司
地址／231028新北市新店區寶橋路235巷6弄6號7樓
電話／(02)2918-3366 (代表號)
傳真／(02)2914-0000
網址／www.jjp.com.tw
郵政劃撥帳號／16402311人人出版股份有限公司
製版印刷／長城製版印刷股份有限公司
電話／(02)2918-3366 (代表號)
香港經銷商／一代匯集
電話／(852)2783-8102
第一版第一刷／2022年3月
第一版第三刷／2023年11月
定價／新台幣630元
港幣210元

國家圖書館出版品預行編目資料

細胞大圖鑑 / Visual book of the cell/
日本 Newton Press 作；
陳朕疆翻譯 . -- 第一版 . -- 新北市：
人人出版股份有限公司, 2022.03
面；　公分 . -- (Galileo 科學大圖鑑系列)
(伽利略科學大圖鑑；8)
ISBN 978-986-461-277-2 (平裝)
　1.CST：細胞學

364　　　　　　　　　111000751